CHROMA
A PHOTOGRAPHER'S GUIDE
TO LIGHTING WITH COLOR

光色
游戏

数码摄影彩色光布光技法解密

[美] 尼克·范彻（Nick Fancher） 著

傅凯茗 译

人民邮电出版社

北京

致谢

衷心感谢我的妻子贝丝和我的孩子们——杰克和玛格特。感谢你们对我的包容、关爱和支持。你们是我生命中最绚丽的色彩，我对你们的爱用任何语言描述都会显得苍白。同时，我也要感谢所有给予我热情帮助的模特，感谢你们的陪伴，耐心等待我一点儿一点儿地调整光线，然后不断摁下快门（经常一拍就是一个小时）。还有，感谢塞斯·摩尔斯·米勒经常施以援手并帮助我拍摄了本书中所有的幕后照片。除此以外，我还要感谢Rocky Nook出版社工作人员的大力支持。最后，我要感谢我的读者，是你们一直在激励着我不断前进。我把所学技艺与大家分享，希望我们可以共同创造一个更加美好的、丰富多彩的世界。

"色彩诞生于光暗交融之中。"——山姆·弗朗西斯

"光线即色调。"——约瑟夫·马洛德·威廉·透纳

"怒斥，怒斥光明的消逝。"——狄兰·托马斯，《不要温和地走进那个良夜》的作者

前言

　　尽管几乎所有的摄影技法类书籍都会讲解"色彩"摄影（比如安塞尔·亚当斯的区域曝光法），但本书将会继续探究更多可行的方法，为你在融合光线和色彩的时候提供更多选项。长期以来，我深受摄影师纳达夫·坎德和米尔斯·奥尔德里奇对色彩细腻应用的熏陶。坎德在人像作品的阴影部分融入了精妙绝伦的色彩元素，这种创作技法深深震撼并激励了我，就如同奥尔德里奇所描述的一样：时尚主题中融入了可玩性。

　　在书店遍寻有关色彩使用的摄影技法类书籍后，我发现并没有专注于色彩、主题唯一的图书，尽管现在市面上有许多书籍介绍如何将彩色凝胶应用在摄影领域。我早已打算为摄影师们提供关于色彩理论和色彩探索的一站式服务，我希望能够穷尽所有的创造与想象去深挖色彩的应用，包含整个色彩范围。近些年我一直将色彩凝胶应用在打光上，但是在本书中，我希望将我自己沉浸在色彩中，跳出自己的舒适区，尝试在创作本书的过程中学到更多。

　　本书从色彩理论以及色彩背后的学问开始讲起，然后迅速切换到色彩的创造性应用上，对色彩的创造性应用也是本书重点讲述的部分。本书将会覆盖多种不同的技巧，包括多种光源的混合搭配以及慢门摄影。同时我也会讲到打光设备的使用技巧、投影仪的花式用法和如何直接使用相机内置的多重曝光功能。甚至，我会向大家讲解如何在黑白照片中融入色彩元素，以便增强对照片的掌控力。相信我，本书定会让您收获颇丰。

目录

"为什么当一种颜色拥抱另一种颜色的时候，会开始轻吟低唱？"
——巴勃罗·毕加索
"世间色彩皆友人，无论敌否都有情。"
——马克·夏加尔

第1章

色彩理论

　　色彩理论这门课是我在大学的时候最喜欢的一门课。当知道艺术作品背后有关于构成平衡的理论时，我真的是惊喜万分。我在照片中的色彩应用法则都是在这门课中学到的。有趣的是，这门课并不是我的专业课，而是一门为绘画专业开设的理论课程。

　　尽管许多书籍（和大学课程）的重点是对色彩理论的学习和应用，本书重点讲解的是我作为一名摄影师的经验，以及关于色彩这个主题的基本、有趣同时也是非常有应用性的知识。大量的色彩理论不得不和颜料打交道，但是摄影师完全不同考虑这些。所以为了不浪费时间，我将挑选出与摄影师有关的色彩理论进行讲解。

色彩理论概论

人类的眼睛，尽管比任何相机镜头都要强大，但在识别色彩上仍旧有所局限。我们人眼所能识别的颜色范围被称作色域。可视色域始于白色，而白色是由红色、绿色和蓝色波的混合组成的。

增色与减色

色彩间的相互作用方式主要分为两类：彩色颜料和彩色光。彩色颜料的混合遵循的是减色理论，如**图1.1**所示。在此种模型中，洋红色、黄色和青色通过彼此覆盖，创造出了红色、绿色和蓝色，而红、绿、蓝三色叠加在一起便形成了黑色。这种模型也是打印机的工作原理。增色理论模型（**图1.2**）是彩色光的色彩关系。红色、绿色和蓝色通过相互覆盖形成了青色、洋红色和黄色，而青色、洋红色和黄色融合在一起形成了白色或者无色的光线。而本书的大部分内容都是关于颜色光的。

尽管两种模式有一些共同点（蓝色和黄色混合会产生绿色），但是仍旧有比较大的区别。举个例子来说，在增色理论模型中，绿色光和红色光混合在一起会形成黄光（**图1.3**）；而在减色理论模型中，绿色颜料和红色颜料混合在一起会形成棕色。

我们的眼睛可以觉察到物体的颜色，比如一朵花、一辆车或天空的颜色。但是事实上我们

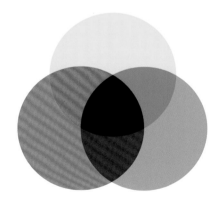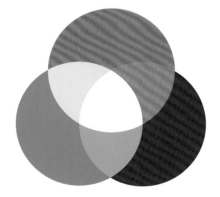

图1.1 CMY（青色、洋红及黄色）色彩模型，同时也被称作减色模型。CMY模型被视觉艺术家们广泛应用，诠释了当我们使用不同颜料进行覆盖时会遇到的情况

图1.2 RGB（红色、绿色及蓝色）色彩模型，同时也被称作增色模型。RGB模型诠释了当我们使用不同波长的彩色光互相覆盖时会遇到的情况

图 1.3 当红色颜料和绿色颜料混合在一起的时候，就会产生泥浆一样的棕色，但是当我们将红色光和绿色光重叠在一起的时候，就会得到黄色光

看到的是没有被物体吸收掉的颜色波长。举个例子来说，我们看到一个物体的颜色是红色，比如苹果，苹果皮的颜色之所以看起来是红色的，是因为白光中绿色和蓝色光的波长被吸收掉了，只留下红色光部分通过反射进入我们的眼睛。

这就意味着，当我们的眼睛识别出表面的颜色时，增色理论和减色理论会同时发挥作用。举个例子来说，大家看**图 1.4**。左边3 张照片的拍摄背景是白色的，而右边的拍摄背景是红色的。红光照射在白色背景上和红光照射在红色背景上的效果近乎相同。现在让我们看一下绿色的场景。当绿光照射在红色背景的时候，背景会呈现出黑色，原因是红色背景表面会吸收绿色的波长。

底部的一排照片所展示的是当红光和绿光互相重叠时的效果：我们在白色背景看到了黄色，但是红色背景看起来仍旧是红色的。根据减色理论，绿光又一次被吸收了，只留下红光照亮背景。当我们在构思如何进行色彩的融合或者消除不讨喜的颜色时，这

图 1.4 红色光和绿色光叠加在一起会形成黄色光，但是当绿色光照射在红色表面时，表面会呈现出黑色

些理论模型就可以发挥作用了。

RYB色轮

　　相对而言，RYB色轮是较为老旧的色彩模型，而CMY更为新颖。然而，RYB色轮仍旧被大批画家和室内装潢设计师所使用（**图1.5**）。所以RYB色轮对于我们来说仍旧不失为是一个理解色彩关系的好工具。

　　在开始之前，我们首先要知道色彩理论的"法则"是描述颜色是如何展现的，而不是颜色应该如何展现。我们对照片打光的方式取决于想通过照片表现什么样的内容。举个例子来说，当我们对人物进行打光的时候，我个人认为黑色皮肤搭配绿色光线更好一些，但是如果绿光照在白色的皮肤上就会看起来病快快的。我们拍摄的照片越多，越会发现自己偏爱的摄影风格。

单色风格

　　单色这个词通常用来形容黑白照片。然而，我们也可以用来形容单一色彩的应用，或者在同一张图片中单一色彩的多重阴影，比如在**图1.6**中对橘色的应用。对单色的研究，我们可以

图1.5　RYB色轮（R代表红色，Y代表黄色，B代表蓝色）尽管已经高龄的色彩理论模型，但是仍旧被广大的视觉艺术家们所使用

图1.6　单色并不一定意味着黑色和白色；同时也可以指只包含一种颜色的照片

开展非常有趣的摄影实验。大家可以在互联网上搜索"Pantone Photography"，上面有数不清的单色主题照片。

互补色

　　互补的颜色在色轮上处于相对的位置。在确定一种颜色的互补色之前，首先需要确定我们需要使用何种色彩模型。举个例子来说，在RYB模型中，红色的互补色是绿色（**图1.7**）。在RGB模型中（**图1.8**），红色的互补色是青色。因为互补色在色轮上彼此间的距离最远（这意味着它们之间的对比最为突出），所以当我们将这两种颜色放在一起的时候，会尤为吸引人（**图1.9**）。让我们来看一下当红色和绿色在照片中彼此相邻时的效果（**图1.10**）。整张照片看起来是多么的生动活泼呀！

图1.7 RYB 色轮上面的色彩互补（减色模型）

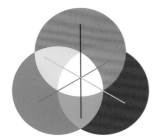

图1.8 RGB 理论模型上面的色彩互补（增色模型）

图1.9 橘黄色和蓝色两者之间互相补充，并且合理搭配下获得照片中的平衡

图1.10 当红色和绿色彼此相邻时，颜色看起来非常生动活泼

相邻色

　　相邻色是在色轮上距离最近的3个颜色，比如橘色、红橘色和黄橘色（**图1.11**）。就摄影领域的应用来说，无论出于任何目的和想法，相邻色与单色的例子都是非常相似的，因为相邻色基本上就是同种颜色的3种色度。在**图1.12**中，我们可以看到当橘色的不同色度融合在一起后，看起来和**图1.6**非常近似。

图1.11　相邻色是色轮上彼此最近的3种颜色

图1.12　使用相邻色的照片看起来与使用单色的照片非常相似，因为两者都是由非常近似的颜色组成的

分离互补色

分离互补色的本质（**图1.13**）与互补色的本质非常相近。分离互补色主题的照片在包含一种颜色（如蓝色）的同时，不包含这种颜色的互补色（如橘色），而是包含它的互补色的相邻色（如红橘色和黄橘色）（**图1.14**）。

图1.13　分离互补色由一种颜色和与这种颜色的互补色相邻的两种颜色组成

图1.14　橘色是蓝色的互补色，所以在包含蓝色的分离互补色主题摄影中，同时包含了红橘色和黄橘色

三色组

三色组包含了色轮上3种彼此间距相等的颜色，比如红色、黄色和蓝色；或者紫色、橘色和绿色（**图**1.15）。使用三色组可以营造出一种赏心悦目感觉（**图**1.16）。

图1.15　三色组由色轮上距离相等的3种颜色构成

图1.16　这张照片中展示了红色、黄色和蓝色的三色组

四色组

如果我们在色轮上画一个长方形，并选用在长方形四角的4种颜色，就会得到四色组。红色、橘色、蓝色和绿色就是四色组的范例（**图1.17**）。

图1.17　红色、橘色、蓝色和绿色就是四色组的范例

歌德的数字系统

约翰•沃尔夫冈•冯•歌德是一名科学家（这是他诸多头衔之一），他对色彩理论极为着迷。他为不同颜色赋予了不同的数值：像黄色这种明亮的颜色数值较高，而像紫色这种暗淡的颜色数值就较低。下面是他提出的颜色数值：

红色：6　　　　　　绿色：6

橘色：8　　　　　　蓝色：4

黄色：9　　　　　　紫罗兰色：3

这样一来，为了对组合中紫色（3）和黄色（9）进行平衡，紫色所占的面积需要是黄色的3倍。橘色和蓝色的对比不是很强烈，所以橘色对蓝色的比例是2∶1。而红色和绿色的数值相等（**图1.18**）。然后再举一个复杂的例子，当我们同时使用黄色、红色和紫罗兰色的时候，根据歌德系统需要使用3个单位的紫色，1.5个单位的红色以及1个单位的黄色来进行平衡（**图1.19**）。

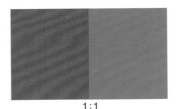

1∶1

1∶2

1∶3

图1.18　根据歌德的数字理论，为了取得像紫色一样的暗色和像黄色一样的亮色之间的平衡，我们需要使用3个单位的紫色和1个单位的黄色

图1.19 为了在紫色（数值3）、红色（数值6）和黄色（数值9）之间获得平衡，我们需要3个单位的紫色、1.5个单位的红色以及1个单位的黄色

有目的性地使用颜色

我们对色彩已经有了初步的认识，现在我们需要考虑的是不同颜色的含义。这其中包括了有着特殊的文化内涵和历史缘由的部分颜色。视觉和对颜色的识别与其他感觉一样，是人类的基本能力。识别出某种颜色的含义是人类和动物的内在感知能力。这种感知能力是人类和动物赖以生存的必备能力，就和听力以及对热的感知能力一样。这是我们判定食物是否可以食用，来者是敌是友的依据。让我们用黄色和黑色条纹来举个例子。如果第一反应不是提高警惕或者最初想到的不是蜜蜂的蜇伤，那么你就真的有些异于常人了。类似于红色、黄色和橘色的暖色看起来更为强烈，也更能激起人们的食欲或者浓烈的感情，如动力、快感以及温暖，同时也更具有刺激性。这就是为什么这些颜色被有目的性地用在餐馆和运动广告中。而像蓝色、绿色和紫色这些偏冷的颜色，更能带来冷静或者灰暗的情感，比如安全感、沉思、忠诚或者悲伤（比如毕加索的"蓝色时期"）。

鉴于颜色对我们有着非常深远的意义——这些意义深植于人类本性同时又被广泛地应用——所以我们一定要学会如何将颜色应用在我们的作品中，尤其是打光时。举个例子来说，我们可以在人物肖像上添上一束红光来暗示人物的积极性，或者体现出其狂野的一面，抑或者是火爆的脾气（**图1.20**）。

图1.20 红色可以激发出强烈的感情

当然，如果将整张照片都用蓝色进行填充，人物就仿佛深深陷入沉思或者叹惋（**图1.21**）。摄影师们可以使用颜色作为额外的含义来刻画人物肖像——就像使用快门拖动来彰显动态或者使用较低的机位来传达人物的力量感。当观众在观赏作品时，从某种程度上来说，我们仿佛在通过颜色来控制观众的情感与反馈。

图1.21 投射在人物主体上的蓝色为照片增加了一种抑郁与沉思

虽然观众最终会按照自己的理解来诠释人物主体，但是我们可以通过控制色彩来让观众以特定的方式进行解读。这不仅局限于暖色和冷色，基于人类内在不同的情感经历和文化背景，不同颜色的混合也会影响观赏者对一张照片的感受。举个例子来说，如果冷色是主色调的话，添加一些暖色之后，可以对冷色进行削弱，同时对暖色进行强化。在**图1.22**中，红色在深蓝色场景的映衬烘托下得到了进一步强化和突出。红色闪光暗示着敞开的门——传递着光明与希望的力量。明亮的颜色要比暗淡的颜色更有力量，所以只需要少量的暖色就可以在画面中取得平衡。

图1.22 在深蓝背景色映衬下，红色的线条被进一步加强

如果加入蓝色，橘色会开心吗

现在，既然我们已经对色彩理论有了进一步的了解，我们可以将这部分知识融入你的摄影武器库了。色彩就是我们的另一种摄影工具，就好像镜头和打光设备一样。我们对色彩理论理解得越深，在创作的时候就会有越多的信息涌入脑海。

埃莉诺长着一头火焰般的长发，当我第一次见到她的时候，我想到的就是互补色。我当时在伦敦开展《摄影用光无极限》的讲习班，并确保留出来一整天的时间为了与一名模特进行试拍。我与埃莉诺在她的公寓相见，她的公寓内有一面白墙正合我意。我便开始布置柔光箱并调试参数（**图1.23**）。

尽管柔光箱为我们提供了讨喜而柔和的光线，但是我仍旧觉得可以锦上添花（**图1.24**）。

照片中的阴影是其他光线完美的收纳之所——这些光线我们称之为彩色光。当我知道我将为有着一头火红色头发的埃莉诺进行拍摄的时候，我就知道蓝色阴影会成为最好的强调色。

图1.23 场景布置图。我只需要一面颜色自然的墙

图1.24 柔光箱为我们提供了柔和的光线，但是我仍旧觉得画面中缺点什么

图1.25 当需要柔和的光线时，我会使用Neewer的环闪。它可以完美适配机顶热靴闪光灯

图1.26 当我添加了Cactus V6控制器后（控制器可以用来遥控其他离机闪光灯），闪光灯的位置距离环闪开口过远

我常用的柔光或正面光打光设备是一盏环形灯。环形灯通常价格不菲而且笨重不堪，尤其是它需要固定在支架上面，这样我们只能以固定的距离进行拍摄。所以我进行了一番采购，并发现了一款便携、可折叠的环闪，生产厂家为Neewer。它可以完美适配机顶热靴，前提是闪光灯是标准尺寸的机顶闪光灯（**图1.25**）。然而，在我需要Cactus V6控制器来遥控其他离机闪光灯时，就不能按照最初的设计来使用环闪了。因为此时闪光灯的位置距离环闪的开口过远（**图1.26**），所以我将环闪转了半圈，并将闪光灯颠倒过来，这样就可以让闪光灯悬挂在相机和镜头的下面（**图1.27**）。

当使用便携的环形闪光灯作为填充光源的时候，在拍摄的时候要记住我们与模特之

图1.27 解决方案是，我将环闪旋转，然后将闪光灯安全地悬在相机和镜头下面

间的距离在不断变化，所以补光的强度也会随之改变。我使用的人像镜头焦距为85mm，并不是微距镜头——这意味着我不能站在距离人物主体1米以内的地方。通常情况下，我会站在距离人物主体1.5～3米的地方，这样能在构图的时候取景到人物膝盖。我的规则是，在开始拍摄的时候，我会将所有闪光灯设置为相同的功率，然后将填充光源的功率设为主光源三四倍的亮度（假设主光源）（**图1.28**）。因为我距离人物主体的距离比主光源更远，而且中等到深暗颜色的色片会吸收很大一部分的光（通常是好几挡曝光的光亮）。

在**图1.29**中，我们可以看到RAW文件呈现出一些绚丽、柔和的蓝色阴影。现在我们的目标是在Lightroom中将这些颜色增强。或许你已经知晓，当我们拍摄了RAW文件后，如何对颜色进行修正取决于我们自己，因为相机直出照片的色调和颜色都过于平淡。然而，修整颜色可不单单是拖动"鲜艳度"或者"饱和度"滑块那么简单。在Lightroom中我会经常使用3个面板："色调曲线""去朦胧"和"相机校准"。

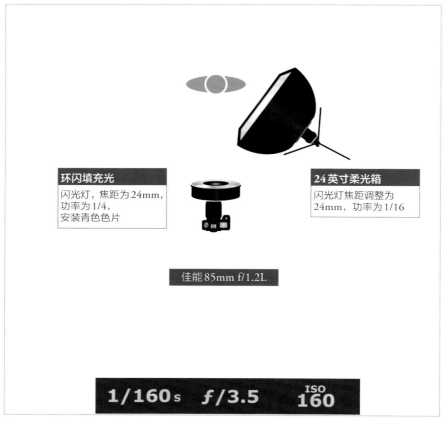

图1.28 打光示意图。我的填充光源的功率是主光源的4倍，是因为我比主光源距离人物主体更远，同时色片吸收了大量的光线

图1.29 RAW文件效果。尽管阴影呈现为蓝色，我们仍旧需要在后期中进行强化

色调曲线

注意：我在工作流程中使用的是Adobe Lightroom Classic，但是在全书中我会将其简称为Lightroom。

"色调曲线"是Lightroom中最强大的面板之一。通常情况下我只需要对RAW文件进行色调曲线的调整就足够了。在**图1.30**中，大家可以看到曲线中一共有4个部分：阴影、暗色调、亮色调和高光。"色调曲线"对每个部分都有对应滑块进行调整（**图1.31**）。使用滑块的问题是，在调整的时候没有办法对单独的色彩通道进行调整。

首先单击在面板右下方的切换图标（红色圆圈标注的地方）进入手动模式，这样我们就可以对单独的色调通道进行调整（**图1.32**）。我通过单击曲线中间来增加调整点，然后将其拉高，这样可以提升照片的整体亮度。如果我在中央左侧部分曲线增加调整点，并且将其拉低，曲线的"亮色调"就会升高，同时照片整体的对比度也会增加（**图1.33**）。如果我再将该点拉高，那么阴影部分的曲线将会提升，同时对比度会降低（**图1.34**）。

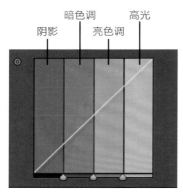

图1.30　色调曲线上的4个部分分别是阴影、暗色调、亮色调和高光

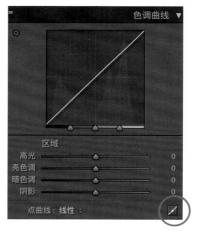

图1.31　"色调曲线"有"阴影""暗色调""亮色调"和"高光"的滑块。我们需要在这个面板中转换到手动模式来调整单独的色彩通道曲线

图 1.32 单击面板右下方的切换图标进入手动模式。通过单击曲线并拉高、拉低来对整张照片进行调整

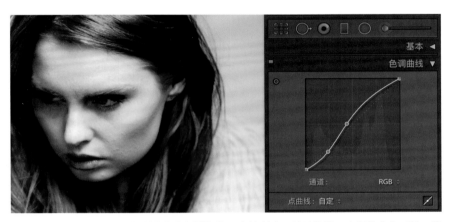

图 1.33 如果我在第一个控制点的左侧增加第二个控制点，并且将第二个调整点向下拉，暗部将会变得更暗，亮部变得更亮，整体的对比度会增加

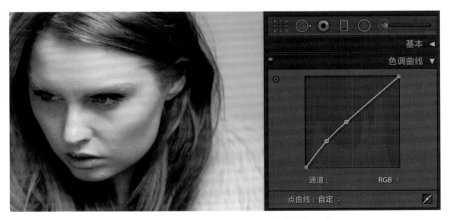

图 1.34 如果我向上调整暗部曲线，暗部将会变亮，同时对比度下降

当我调整红色、绿色和蓝色曲线的时候，我应用了色彩理论来对整张照片的色调进行调整。举个例子来说，如果我对红色通道的中心部分进行调整，就会对照片整体的红色和青色进行调整。当我们拉高曲线上的控制点的时候，整张照片的红色就会增加（**图1.35**）。如果我拉低曲线上的控制点，整张照片的青色就会增加（**图1.36**）。同理，绿色通道影响照片中的绿色和洋红色，而蓝色通道控制着蓝色和黄色色调。

使用色彩理论和色调曲线中的区域，我可以快速地弄明白如何对照片中不同区域的色彩进行强化。在**图1.37**中，我对蓝色通道进行了一系列的调整：拉低了暗部来保证模特红色头发颜色的正常；拉高亮部来增加皮肤的蓝色部分；同时拉低高光部分来为高光部分增加黄色，**图1.38**右侧的照片展示出只通过改变色调曲线得到的照片。

图1.35 当调整红色通道的时候，如果在曲线中间增加控制点并且将其拉高，整张照片的红色将会增加

图1.36 当调整红色通道的时候，如果在曲线中间增加控制点并且将其拉低，整张照片的青色将会增加

图1.37 知道曲线的工作原理可以让我对照片中不同区域的颜色进行控制

图1.38　右侧照片中我唯一调整的就是色调曲线

去朦胧

Lightroom中的"去朦胧"滑块（**图1.39**）的功能是移除（或增加）照片的朦胧度。这个功能实在是异常强大，小小的改变就能对照片的对比度和颜色产生巨大影响。使用多少去朦胧取决于照片本身。举个例子来说，如果我们对一张没有任何朦胧的照片使用去朦胧功能，所需要的去朦胧量要比逆光人像少得多。我认为去朦胧就好像菜肴中的盐——一点点就会有巨大的不同。

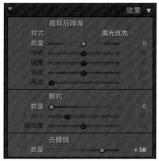

图1.39 去朦胧的作用是去除照片中的朦胧效果，可以增加照片的色彩和对比度

相机校准

"相机校准"面板是另外一种我常用的色彩强调工具（**图1.40**）。"相机校准"是改变色彩强度和色调的最佳工具——甚至优于"HSL"面板（H代表色调，S代表饱和度，L代表明亮度）。

让我们用埃莉诺的头发举个例子。如果我在"HSL"面板中对她的头发进行目标选择调整（在面板的左上角），她的皮肤（因为与头发颜色相近）也会受到影响（**图1.41**）。这样一来会对照片的其他元素进行改变，导致在最终的照片中颜色之间的过渡非常不自然（**图1.42**）。

"相机校准"的功能是匹配照片中的颜色，从你在计算机屏幕上看到的样子匹配到你使用特定型号相机进行拍摄时看到的样子。这也是我经常使用的功能，因为这个功能可以让颜色之间的过渡非常自然。我可以不在"HSL"面板中对每个颜色的"色调"、"饱和度"和"明亮度"进行调整，而只对大块区域的色彩进行修正（**图1.43**）。

图1.40 "相机校准"面板在调整色彩强度和色调时功能非常强大

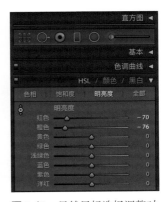

图1.41 虽然目标选择调整对于特定颜色是非常好的隔离和调整工具，但是在我不想影响照片的其他部分时，目标选择调整就问题多多了

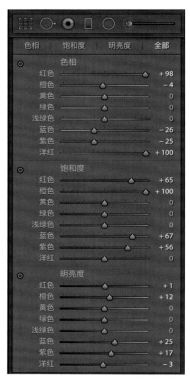

图1.42 使用"HSL"面板来对照片中的颜色进行调整，需要同时进行很多特定的修改，这可能会产生色彩之间不自然的过渡

图1.43 "相机校准"面板对于大面积的颜色调整功能非常强大

在**图1.44**中，我们可以看到对"色调曲线""去朦胧"和"相机校准"面板的一系列调整共同创作出了一幅色彩艳丽而且过渡平顺的照片。

图1.44 最后的成品图。色彩变得更加艳丽而奔放，同时颜色之间的过渡也非常平顺

作品赏析

"画家们一定要知道的是，色彩遵循的是其自身的逻辑，而不是我们自己的逻辑"。

——保罗·塞尚

第2章

色片的基础知识

当我们开始将色彩融入摄影的时候，我们需要考虑很多事情。比如，已经存在的环境光及其色彩。根据你拍摄的环境不同，比如灯光昏暗的舞厅或者洒满阳光的房间，环境光的色温会有所不同。你是会将其作为主光源之一，并增加额外光线来进行拍摄，还是会把闪光灯的功率提高到消除所有环境光带来的影响，并且使用单一光源进行拍摄？

我的设备清单

我会使用数码单反相机进行拍摄，配合小型闪光灯或者佳能的热靴闪光灯，但是本书中的所有技巧都可以配合更大尺寸的灯箱或者闪光灯。

在我的职业生涯早期，我仅购买了必需的设备（因为摄影器材高昂的价格）。现在，即使我有能力购买大型的打光系统，我仍旧倾向于使用小型的闪光灯以及电池供电的系统。我越来越看重打光设备的便携性以及是否可以进行快速搭建。当然在需要的时候，我也会使用大型的打光设备，但是一般来说，我日常的工作并不需要大型工作室以及专业设备的支持（请参考我的《摄影用光无极限用简单设备构建随身影棚》第一册和第二册）。如果我需要更为广阔的工作环境和大型设备，我就会去租赁这些设备并让客户支付账单。

我随身携带的设备如**图2.1**所示。因为我的设备非常精简，大部分都可以直接塞进邮差包：两台机身、两支镜头、两支闪光灯、几组AA电池、两块相机电池、色片、存储卡、长度为2米的灯架以及13英寸的MacBook Pro。唯一塞不进背包的是Cactus的24英寸（约60厘米×60厘米）柔光箱（**图2.2**）。在两支闪光灯的帮助下，我能创造出黑\白\灰或者多种颜色场景的人像（几乎在任何环境中都可以完成创作）。

因为我使用的是小型光源，所以我很少需要助手的帮助，这样可以降低我的创作成本——这就意味着顾客支付的钱有更多进入了我的腰包。没有摄影助理的干扰也有助于和模特培养出更为亲密的关系，模特会更加放松和积极。而且，因为行李不需要托运，所以我也不用担心丢失的问题。

我的主力设备是佳能5DMark Ⅲ机身配合85mm f/1.2 Ⅱ镜头，而我的备机是松下Lumix GH4配合12-35mm f/2.8镜头。我也会使用GH4进行广角拍摄（当然它也是拍摄视频的利器）。除了我随身携带的设备，我的工作室中还有如下设备：Godox电池套装（为我的主光源续航），微距镜头（为了拍摄产品），额外的Cactus闪光灯、灯架和柔光箱，三脚架和投影仪。

图 2.1 　在邮差包里能放得下两台机身、两支镜头、两支闪光灯、备用电池、色片、存储卡、13 英寸的 MacBook Pro 及充电器、长度为 2 米的灯架

图 2.2 　这就是我随时携带的旅行套装和柔光箱。这些都不需要托运

　　我使用 Cactus 闪光灯系统配合佳能相机（或者其他品牌的相机）的原因有很多。主要原因是不需要额外的无线快门就可以触发离机闪光灯。我只需要一个遥控器就可以打开或者关闭闪光灯，提高、降低功率或者调节位置，所有的操作都可以坐在椅子上完成。这样操作可以让我快速构建起光线的层次，并且在检查独立光源的时候，不需要浪费时间和精力重新调整光源。这样一来，我在拍摄的时候可以实施多种光源搭配，让客户有更多的选择。而且 Cactus 带给用户额外的福利是高速同步和 TTL 功能（虽然我一般都会使用手动模式）。还有一点，Cactus 的闪光灯非常耐用（我已经手滑许多次了，但是闪光灯没有丝毫损坏）并且物美价廉。

我甚至开始喜欢去挑战如何让随身携带的设备尽可能地轻量化，因此我变得更加富有创造力而且时常即兴而为，这样会让我跳出舒适区并且时刻保持敏锐。使用依靠电池供电的打光设备偶尔也会带来一些让我惊喜的小事故。我在工作室的时候，会在主光源上配备额外的电池包，但是辅助光源和背景光经常电量不足，开始漏闪。尽管这种情况非常让人抓狂，但是经常会带来意外惊喜，请见**图2.3**和**图2.4**。

当我为图2.3搭设打光设备的时候，我认为背景中不同层次的光晕是神来之笔，所以我在模特身后放置了闪光灯，将其亮度设置为比主光源高3挡。因为闪光灯在高功率下进行了连续拍摄，所以背景光的光源数次功率不足。当我看见这些功率不足的照片时，我意识到这些照片的效果居然更为理想，所以我关闭了背景光的光源，进而对模特的轮廓进行拍摄。

图2.3 这张照片是我预期的打光效果

图2.4 这张照片是在背景光功率不足时拍摄的，效果更加符合我的风格

多彩的色片

哪种类型的色片值得我们购买？一个简洁的答案应该是：与你的灯源匹配即可。"高端的"色片并不能帮助我们拍出更好的照片，它的功能并不是化腐朽为神奇。如果使用更大尺寸的闪光灯，就需要单独购买不同颜色的色片，或者多种色彩的组合套装。色片的尺寸通常是12英寸×12英寸（约30厘米×30厘米）或者20英寸×24英寸（约50厘米×61厘米）。

如果你像我一样使用小型的闪光灯，可以非常轻松地更换色片。我选择的品牌是ROSCO（也被称作Roscolux）。为了能亲身感受一下色片的颜色，最好的方法是购买整套色片样品集（**图2.5**）。凑巧的是，样品的大小刚好符合小型闪光灯的尺寸。色片样品集里面有上百张样品，但是其中许多色片你都用不到，因为它们的颜色可能过于暗淡，或者密度过大而降低灯源亮度（没有任何摄影师在使用功率为60瓦的闪光灯的时候希望亮度被降低）。

图2.5 雷登推出了一组包含所有颜色的色片样品集。样品的大小刚好符合小型闪光灯的尺寸

样品的描述中写着色片样品不能用于小型闪光灯，因为在样品中间有个小孔起到连接作用。但是即便如此，如果打孔的位置靠近边缘，样品的长度是足够覆盖整个闪光灯的。当我把连接杆去除之后（**图2.6**），我挑选出拍摄所需的色片，根据颜色对其进行排序，并保存在信用卡包中（**图2.7**）。

图 2.7 把色片根据颜色进行分组后，保存在信用卡包中

图 2.6 样品集中有上百张色片样品，其中很多样品你并不会用到。把连接杆去掉后，挑选出你所需要的色片

在**图 2.8** 中，你会发现色片上的孔完全不是问题。我仅仅将色片的一部分围绕闪光灯折起来，然后使用电工胶带或者管道胶带将另一端封住。我会额外在闪光灯上贴一些胶带，以防当我需要的时候却没有把胶带带在身上。

大家对色片有一个普遍的认知错误，我来为大家简短地解释一下：假设我们选择了橘黄色的色片来给背景墙打光，但是进行拍摄的时候，橘黄色的饱和度不如我们的预期高。常见的错误操作是在原有的橘黄色色片上面再覆盖一层橘黄色的色片来增加饱和度。然而，同时使用两个色片会降低闪光灯的亮度，而且饱和度并不会加强。正确的做法是选择一个饱和度合适的色片，而不是经过消弱甚至是修改过的颜色。

现在我要给大家出个谜语：打一物，什么东西有两个大拇指和数百张不同颜色的色片，而且还近乎免费？让我们在后续照片中寻找答案。

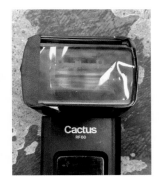

图2.8 我将色片的一部分围绕闪光灯折了起来，然后使用电工胶带或者管道胶带将另一端封住。我额外在闪光灯上贴了一些胶带以备不时之需

遵循以下规则

色温通常指的是色彩的冷暖程度，其单位是开尔文（K）。暖色在坐标轴的左端（数值低），冷色在坐标轴的右端（数值高）。日光的色温在坐标轴的中间位置，数值为6500K。以开尔文为基准的色温范围为1000K～10000K。举个例子，蜡烛光的色温大约为1800K，晴朗蓝天的色温大约为8000K，而白天自然光的色温在两者之间，大约为6500K（**图2.9**）。

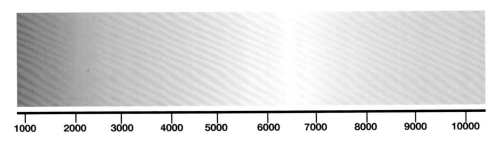

图2.9 以开尔文为基准的色温范围为1000K～10000K。日光的色温在坐标轴靠近中间的位置，数值为6500K

就如同摄影世界中的一切，每一位摄影师的理念与工作流程都大相径庭。就我个人而言，我不太喜欢在白平衡上吹毛求疵。通常在拍摄开始前，我会在相机上选择一个合适的预设。只要图像没有严重偏离平衡，都可以在后期时轻松调整过来。根据我现在使用的闪光系统，我发现"晴天"预设相对于"闪光灯"来说能够提供更为精确的结果，因为我觉得闪光灯预设拍出来的照片过于温暖。

如果你已经购买了闪光灯，那么可以购买的色片相对来说就少了很多。但是对于合适的颜色，我可以购入不同密度的色片。配合色片使用闪光灯，可以过滤掉或者增强环境光的颜色。举个例子来说，如果拍摄的主题是人像或者活动纪实，类似于晚间在舞厅内部的婚礼，灯源都是昏暗的钨丝灯泡，导致照片偏暖，如**图2.10**所示。当使用闪光灯后，闪光灯的冷色会平衡掉模特身上暖色调的环境光，让整体看起来更加自然——但是，照片的其余部分仍旧是黄色的（**图2.11**）。

图2.10 这张照片摄于昏暗的钨丝灯下，相机的白平衡选用的是"闪光灯"模式

图2.11 闪光灯的冷色会平衡掉模特身上暖色调的环境光，让整体看起来更加自然——但是，照片的其余部分仍旧是暖色调的

图 2.12 相机的白平衡设置为"钨丝灯"模式，试图调整环境光的色温

图 2.13 相机的白平衡设置为"钨丝灯"模式。未使用色片的闪光灯使得图像整体偏蓝色

图 2.14 仅仅在后期中对白平衡进行修正不能解决这个问题。我们需要将闪光灯的颜色与环境的整体颜色相匹配

当我们在昏暗的钨丝灯下进行拍摄，并且想让环境光的颜色变得冷下来的时候，就需要把相机的白平衡模式改为"钨丝灯"（**图 2.12**）。然而，如果你想再添加一个闪光灯，人物主体的颜色就会变蓝，因为相比于"钨丝灯"，闪光灯的色温过高（颜色过冷）（**图 2.13**）。或许你认为可以在后期修正中进行调整，但是实际上并没有这么简单。一旦你通过颜色调整消除蓝色带来的影响，那么就又回到了原点，一个橘黄色的房间（**图 2.14**）。你需要色片配合闪光灯来调整房间内光线的色温。

正确使用色片配合闪光灯进行拍摄的方式就是：为了消除环境光的橘黄色部分，使用中等强度的（如果房间的色温过低，就用高强度的）色片来配合闪光灯调整环境光的颜色，这样在拍摄的照片中，色彩就得到了统一（**图 2.15**）。

图2.15 当我们用橘黄色色片配合闪光灯时，人物主体的亮度提升得非常自然，房间的橘黄色也少了许多

　　尽管在闪光灯上覆盖橘黄色色片来消除环境光中的橘黄色是反视觉的，但是请参考最基本的数学定理：任何一个数字除以其本身等于一，比如十除以十等于一。对于颜色而言，这也是成立的。当我们将闪光灯的颜色与房间的颜色相匹配的时候，颜色就互相抵消了。比如使用橘黄色色片调整钨丝灯房间的颜色；使用蓝色色片调整白天光照的色温；使用绿色色片来匹配荧光或者反光的颜色。

需要打破的规则

　　遵循规则自然是没错的，但是可玩性却不高，同时也不能拍出让人印象深刻的作品。我已经告诉大家如何"正确地"使用色片，现在让我们开始"不正确地"使用色片吧。比如，如果我们并不去消除橘黄色的环境光，而是反其道而行，进行加强呢？我们之前通过匹配色温来降低图片中的橘黄色，现在让我们来换一种方式，通过给闪光灯使用蓝色色片，然后再对白平衡进行调整，橘黄色的环境光看起来就更加浓厚了。

因为在相机上没有预设能调整因使用蓝色色片配合闪光灯带来的暖色调，我们不得不手动进行调整。首先在白平衡菜单中找到 x/y 轴（**图 2.16**）。大家注意，我已经把白平衡平衡点调整到了最右侧，这样会给照片中加入大量的红色。通过调整，照片中的环境光变得更加生动和温暖（**图 2.17**）。现在，我通过蓝色色片配合闪光灯对人物主体进行打光，人物主体的白平衡非常自然，但是背景相对于实验之前变得更加温暖了（**图 2.18**）。

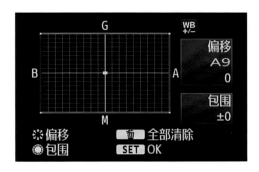

图 2.16 因为在相机上没有预设能调整这种过于极端的暖色调，来抵消安装了蓝色色片的闪光灯，所以我们需要进入白平衡菜单将红色的平衡调整到最大值

图 2.17 变暖后的白平衡将钨丝灯房间的橘黄色变得更加活泼

图 2.18 安装蓝色色片后闪光灯将会平衡人物主体的颜色，同时不会影响到背景的高暖色调

图2.19 闪光灯的冷色与多云天气的冷色相匹配，因此闪光灯与环境光的颜色形成平衡

图2.20 我的闪光灯上安装了橘黄色色片，相机的白平衡调整为"钨丝灯"，所以环境光的颜色变为蓝色

再来一个冷色调的案例。**图2.19**拍摄于一个多云的日子，并在自然光下完成创作，这意味着环境光的颜色是偏蓝色的。通过将相机白平衡设置为相似的色温（比如"闪光灯"模式、"阴天"模式或者"阴影"模式），我能将环境光的颜色变得更加自然。

正如我在上文钨丝灯的案例中提到的，只要我们能发现房间中环境光的颜色，就能通过给闪光灯安装色片来调整色温（请牢记色轮上色彩之间的关系）。如果想强化房间中的现有的蓝色，我就需要给闪光灯安装相反颜色的色片。给闪光灯安装橘黄色色片并将白平衡调整为"钨丝灯"模式后，就可以给主体自然地打光，同时保证房间的其他部分仍旧保持蓝色（**图2.20**）。

绿色的色片通常用来抵消环境荧光。根据色轮，绿色对应的颜色是洋红色。在闪光灯上安装绿色色片并将相机的白平衡平衡点在x/y轴移向洋红色，这样就可以抵消绿色环境荧光。然而，应用绿色闪光到本身包含紫色的情景（**图2.21**），可能会将图片中的紫色夸大（**图2.22**）。

我们现在可以完全摒弃书上的所有规则，然后使用不同白平衡，搭配安装不同色片的闪光灯进行创作。在**图2.23**中，我完美地将一幅在多云天气下拍摄的平淡无奇的照片化腐朽为神奇：将相机的白平衡调整为"钨丝灯"，让照片整体偏蓝，然后在闪光灯上安装红色色片，进而获得了红色与蓝色的完美组合。

图2.21　在闪光灯上安装绿色色片并在相机的白平衡x/y轴上将平衡点移向洋红色，整张照片的颜色就会偏向洋红色。在洋红色的环境（比如日落时分）中使用绿色色片，可能会让照片颜色尤为绚丽

图2.22　这就是在一个水洼中隐藏着的紫雨效果

图2.23 为了拍出这种效果，我将相机的白平衡调整为"钨丝灯"（这样环境光的颜色就变为蓝色了），然后通过色片将摄影主体的颜色变为红色

作品赏析

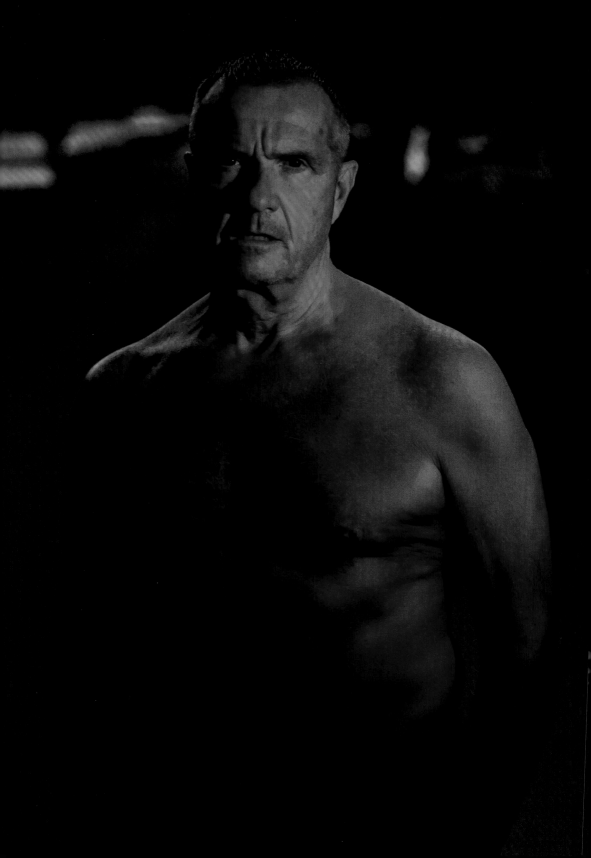

"色彩就好像烹饪一样，当厨师多放或少放盐的时候，味道完全不一样"。

——约瑟夫·奥伯茨

第 3 章

多层布光

　　或许你听到这个消息会感到惊讶，但是我确实在增色理论和减色理论互相配合的时候感到困惑，尤其是在拍摄的中途，我正在依仗其原理进行创作的时候。为了了解每种颜色在照片中的作用，我的意见是，在每次拍摄的时候只使用一支闪光灯和一种色卡。大卫·豪比（STROBIST网站的创始人）曾经提到过"多层布光"的技巧，这是一种精妙绝伦的手法，可以用来搭建出每个人对色彩关系的不同见解。在第 1 章中，我们已经分别讨论过在有色光源和有色背景的条件下，增色和减色的工作原理。在本章中，我们将会一步步详解如何应用"多层布光"技术。

避免多余的颜色

在这次布置器材的时候，我在人物主体上混合搭配了两种不同颜色的光线，但是避免了在背景中融入多余的光线。我的主光源添加了橘黄色色卡，填充光源添加了青色色卡。主光源安装了束光筒，并且光线非常强。在**图3.1**中，你能看到当主光源照射在青色背景上时会呈现出绿色。而当青色的填充光源充满整个背景的时候，色彩的完整度得以保存（**图3.2**）。

图3.1 当照射到青色背景的时候，加装束光筒和黄色色卡闪光灯的光线看起来是绿色的（左图）

图3.2 从这张照片我们能看出，青色的填充光线照射在青色的背景上的效果（右图）

让我再来快速地讲解一下白平衡。当进行增色打光的时候，白平衡是非常重要的工具。我在青色的背景上分别用青色光和黄色光做了测试。为了弄清楚哪种白平衡能在拍摄的图像中提供最棒的色彩，我尝试了相机中全部的白平衡预设（**图3.3**）。令人震惊的是，"自动"白平衡的效果居然最好！之所以说令人震惊，是因为我的相机在一个昏暗的房间内对着一片蓝色的纸找到了一个完美的平衡。

我的准则之一是不依赖自动设置，无论是设置白平衡、光圈还是快门，因为任何相机作出的微调可能会让我在后期调整的时候增加几个小时的工作量。所以我并不会使用自动白平衡，而是选择最合适的预设或者使用拨轮对白平衡进行调整，这样能保证我拍摄的一致性。在Lightroom里，我也是如法炮制地在每张照片中复制和粘贴预设。即使我们选用的白平衡不是非常合适，也好于自动白平衡，因为我们在Lightroom中只需要在一张图片中进行纠正，就可以应用到其余所有的照片中了（只要我们的相机设置没有其他改变）。我尝试了所有的预设来寻找与色彩搭配最为合适（同时是非自动设置）的白平衡之后，我决定选择"闪光灯"预设。

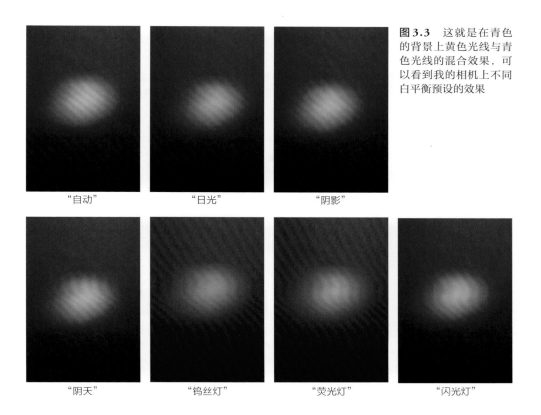

"自动"   "日光"   "阴影"

"阴天"   "钨丝灯"   "荧光灯"   "闪光灯"

图3.3 这就是在青色的背景上黄色光线与青色光线的混合效果，可以看到我的相机上不同白平衡预设的效果

    大家看这张照片，我想让青色看起来广而柔，所以让模特往后站了几步，这样我就可以同时点亮人物主体和背景了。我的闪光灯安装了黄色色卡后，还安装了格栅束光筒，这样投出的光线是小圆圈形状的。但这样对拍摄的要求更高了：如果把灯源向任何方向偏一点点，可能就会毁掉一幅佳作。如果光源距离人物主体太远，光线就会落在背景上形成一片绿色，这不是我们想要的（**图3.4**）。

图3.4 使用这种打光方式的时候，成功与失败只有一线之隔。我想把光线集中在人物主体上，同时不要在背景上有任何痕迹

图3.5 RAW 文件效果。因为黄色并没有投射在背景上并产生令人不快的绿色，所以黄色能和蓝色相映成趣

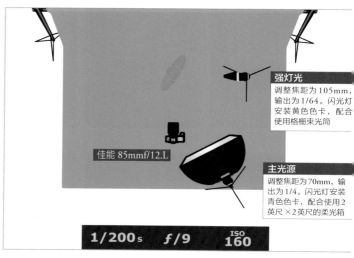

强灯光
调整焦距为105mm，输出为1/64。闪光灯安装黄色色卡，配合使用格栅束光筒

佳能 85mmf/12.L

主光源
调整焦距为70mm，输出为1/4。闪光灯安装青色色卡，配合使用2英尺×2英尺的柔光箱

1/200s　f/9　ISO 160

图3.6 打光示意图。因为黄色的强光源没有分散，同时青色有两个分散层，所以黄色光源的功率需要降低一些

　　我不希望黄色灯光与青色背景相混合，所以我调整了光线，让其仅仅照射在模特的脸上（**图3.5**）。因为格栅化的强光源不是分散光，同时主光源在柔光箱中经过两层的分散，强光源需要相对应地降低亮度来平衡其他光源（**图3.6**）。要牢记的一点是，当我们在打光时用不同色卡配合闪光灯的时候，需要考虑到色卡的暗度或密度。像紫色或者皇家蓝这种比较暗淡的颜色，会比黄色或粉色这些明亮的颜色吸收更多的光线，这样一来，就会有更少的光线照向人物主体。

　　当我们在为双色版的照片（同时包含冷色和暖色）进行颜色修正的时候，在Lightroom中微调"色温"可以很好地帮助我们改善照片的整体效果。在**图3.7**中，我们将白平衡设置为"原照设置"，就能观察到色彩在模特脸上过渡的细节。当将色温调暖至7436后（**图3.8**），蓝色开始消退，黄色开始增强。这样的调整能让暖色和冷色之间的过渡变得更加顺滑，因为当颜色开始分离的时候，照片整体就会显得混乱。

我常用的分离色彩工具是单独的"色调曲线","去朦胧"以及"相机校准"工具（正如我们在第1章中的讨论）。我用了如上这些工具来强化色彩（**图3.9**）。现在，模特沐浴在蓝色和黄色中，显得神秘而诱人，同时整张照片也没有令人讨厌的绿色（**图3.10**）。

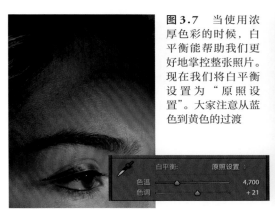

图3.7　当使用浓厚色彩的时候，白平衡能帮助我们更好地掌控整张照片。现在我们将白平衡设置为"原照设置"。大家注意从蓝色到黄色的过渡

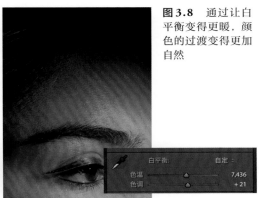

图3.8　通过让白平衡变得更暖，颜色的过渡变得更加自然

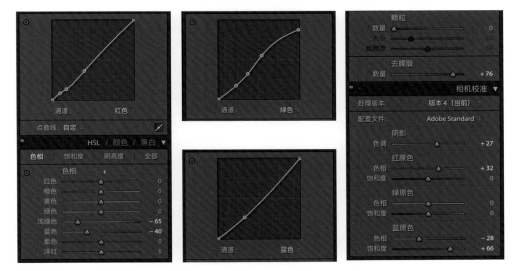

图3.9　Lightroom的设置。我常用的分离色彩工具是单独的"色调曲线""去朦胧"以及"相机校准"工具

图3.10　最后的成品。黄色与青色之间的过渡非常顺畅，同时背景也没有被黄色渐染

彩色光与彩色背景的搭配

曾经有一次，我在美国南卡罗来纳州的查尔斯顿，与34West戏剧公司共同进行年度拍摄。每年秋天，我都会造访这座历史悠久的城市，帮助他们拍摄周五晚上的活动，同时在第二天早上拍摄公司下一季度的宣传资料。每当我在周五晚上进行活动拍摄的时候，我都会注意到由舞台灯光产生的绚烂的影调（**图3.11**）。我非常喜欢绚烂的灯光投射在橘黄色幕布上的效果，这让我想起了迈尔斯·阿尔德里奇为《时代周刊》拍摄的"权力的游戏"（如果你不熟悉，可以在网上搜索一下）。在晚上的活动结束后，我问在场的表演者们是否有其他颜色的幕布。令人喜出望外的是，他们总共有6种幕布，在那一刻，我知道我必须得模仿一下阿尔德里奇的作品了。

图3.11　剧院舞台的色彩和光斑深深感染了我

图3.12 我们选用了这种充满活力的紫色作为背景幕

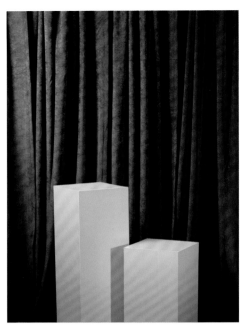

图3.13 我在拍摄的时候加入了白色的盒子，目的是观察安装色卡的闪光灯会对人物主体和彩色背景有何影响

　　第二天早上我们快速完成了拍摄任务，确保有1个小时的时间来研究色彩。首先，我们选用了一块充满活力的紫色背景（**图3.12**）。然后，我在拍摄的时候加入了白色的盒子，目的是观察安装色卡的闪光灯会对人物主体（当他们穿上演出服的时候）和彩色背景有何影响（**图3.13**）。

　　最后我同时选用了青色和黄色色卡。我把黄色放在左边，青色放在右边，两者的放置角度近乎平行于幕布。这样一来，光线就会着重表现出幕布的褶皱，而不是让其呈现为一个整体。是的，如果光线直接照向幕布，幕布看起来就是一整块。

　　在**图3.14**中，你会看到一层青色的光。而在**图3.15**中，你则会看到一层黄色的光。黄色与紫色相映成趣，呈现出金棕色的感觉，而青色让紫色的幕布看起来像皇家蓝一样。因为黄色光线与背景幕布的角度不是很小，所以幕布的深层褶皱并没有被凸显出来，而只有表层的褶皱得到了凸显。青色的光线，相比于黄色光线更加垂直于幕布，所以不仅仅填充了褶皱之间的阴影，同时抵消了幕布上整体的黄色/棕色的效果，以免让人物主体受困于整片的青色光线中，也让黄色的背景阴影得以显现（**图3.16**）。

图3.14 青色的光层。光线从较为正面打向背景幕布，没有产生很多阴影

图3.16 这是在同时使用青色和黄色光层时的RAW文件效果

图3.15 黄色的光层。光线与背景幕布方向接近，让一些褶皱得以显现

下面播报一则卡科特斯系统的广告（实际上，他们并没有花钱让我帮他们宣传）：尽管我确定卡科特斯（CACTUS）系统不是唯一具备远程控制功能的系统，但它确实可以让我通过相机上的控制器来打开或者关闭灯光（我把每个灯都设置为不同的信道）。这种操作彻底改变了游戏规则：不仅非常方便，而且节省体力（可以不必不停地往返于灯架与相机之间进行调整）。也可以让我更为快速地进行各种尝试，并更快地与之适应。每次在同一张照片中只尝试一种颜色，我就知道不同颜色之间如何相互作用且如何与不同颜色的表面或者肤色相互配合。更不用说通过控制背景/辅助光的开关，我也获得了多种不同的打光方法。这些都是在平时紧张的工作流程中求之不得的。

从数值上来说，黄色和青色的色卡非常接近（它们两者的密度都非常低，这意味着更为透明），所以我在使用这两种色卡的时候使用了相同功率的闪光灯（**图3.17**）。在使用这套设置的时候，我Lightroom的工作流程非常基础（**图3.18**）。除了对模特面部的亮度进行调节外，剩下的全部工作都是曲线调整。同时使用"笔刷"对镜子进行调整，压低反光的亮度。最后的成品不仅受文艺复兴风格的启迪，同时融入了现代元素（**图3.19**）。

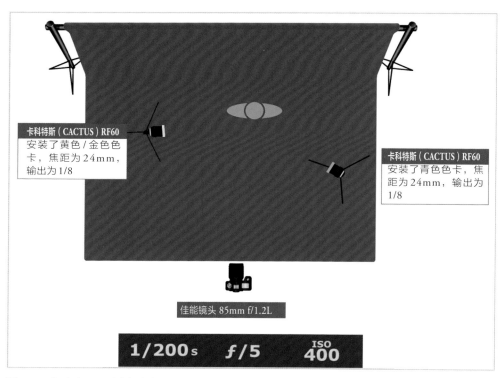

卡科特斯（CACTUS）RF60
安装了黄色/金色色卡，焦距为24mm，输出为1/8

卡科特斯（CACTUS）RF60
安装了青色色卡，焦距为24mm，输出为1/8

佳能镜头 85mm f/1.2L

1/200s   f/5   ISO 400

图3.17 打光布局。因为色卡在亮度上非常相似，所以闪光灯的功率相同

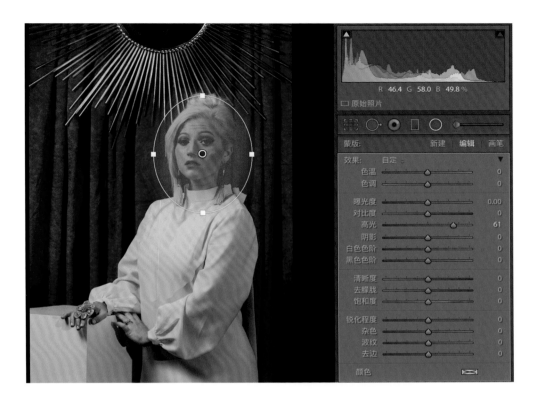

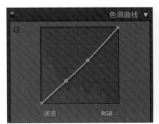

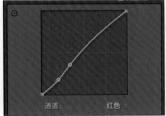

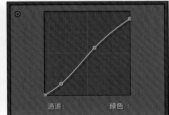

图3.18 Lightroom 的设置。所有的颜色调整都是通过"色调曲线"完成的

图3.19 最后的成品参考了文艺复兴的风格，同时融入了现代元素

避免稀释色彩

创作"逐层布光"照片的另一个黄金法则是，不要让主光源溢散到背景上。否则，在我们使用色卡进行创作的时候是致命的，因为色彩的溢出会稀释背景的颜色。请看**图3.20**中的例子。大家来看一下有多少主光源照射在背景墙上？一旦加入安装了橘黄色色卡的背景光源，由于色彩溢散导致橘黄色减淡，请参考**图3.21**。正如我们在本章最开始的部分讲解的：将安装黄色色卡的主光源投射到青色背景上。一旦我们学会了如何寻找图片不尽如人意的原因，以后再进行拍摄的时候就可以轻而易举地解决这些问题。

最近我为 B · J. 比罗拍摄了照片，他是克利夫兰·布朗橄榄球队的后卫。虽然我对运动所知不多，但是作为在美国俄亥俄州长大的孩子，我知道布朗队的代表色是橘黄色。在为比罗拍摄肖像的时候，我知道我需要一个充满活力的背景，在上面覆盖球队的代表色。我首先在提供背景光的闪光灯上安装明亮的橘黄色色卡（罗斯克23号），然后将光源贴近背景（**图3.22**）从而创作出了一个橘黄色的背景。通过调整橘黄色光源和背景的距离，我得以控制光斑尺寸的大小。

图3.20 主光源距离背景过近的话，光线就会溢散到背景上

图3.21 因为主光源溢散到背景上，所以安装了橘黄色色卡的背景光被稀释了

图 3.22 通过调整橘黄色光源与背景的距离，我得以控制光斑尺寸的大小

在**图 3.23** 展示的设备布置中，比罗距离背景墙大约 1.8 米。我在背景灯上安装了橘黄色色卡，然后将背景光源放置在距离墙 90 厘米的地方。我把主光源放在比罗面前 1 米左右的地方，并在灯源上安装了格栅束光筒，同时将光源向下投射，这样就可以将光线尽可能少地投射到背景墙上。与此同时，我在他身后靠左侧的位置布置了大功率的强调灯光。在背景曝光上我首先要确保，没有橘黄色的光线溢散到人物主体上（**图 3.24**）。其次，当我打开强调灯光的时候，比罗健美的身材得以凸显（**图 3.25**）。最后，我打开了主光源（**图 3.26**）。

在**图 3.27** 中，你能看到我所有的灯光布置。强调灯的功率是这些光源中最低的，因为强调灯没有经过修饰，只是从右侧照向人物主体。主光源的功率相对比较高，因为我们在主光源上面安装了柔光箱和格栅这两层装置对光线进行扩散。背景光源和主光源一样，因为其同样远离主体，直接照向背景。

图3.23 场景布置。我在我狭小的工作室中完成了对B.J.比罗（克利夫兰布朗橄榄球队的后卫）的拍摄

图3.24 背景的曝光。我将背景光源放在了合适的角度，以保证没有任何橘黄色光线照射在人物主体上

图3.25 强调光源让人物主体的左侧细节更为突出

图3.26 RAW文件效果。在这张照片中，3层光源同时发挥作用

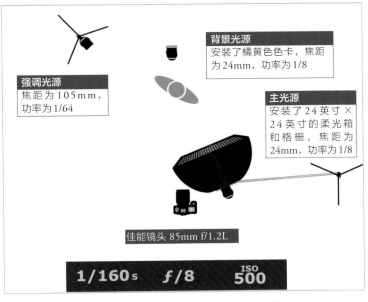

背景光源
安装了橘黄色色卡，焦距为24mm，功率为1/8

强调光源
焦距为105mm，功率为1/64

主光源
安装了24英寸×24英寸的柔光箱和格栅，焦距为24mm，功率为1/8

佳能镜头 85mm f/1.2L

1/160s　ƒ/8　ISO 500

图3.27 打光示意图。强调光源的功率为主光源的1/8是因为其没有经过修饰且直接照向人物主体

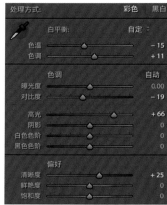

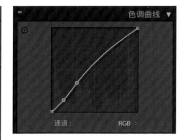

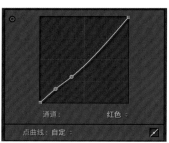

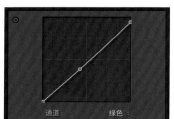

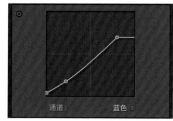

图3.28 Lightroom的设置。我提亮了高光，拉低了蓝色曲线，同时在"HSL"面板中提高了蓝色的饱和度，来让橘黄色及黄色看起来更加温暖和艳丽

在Lightroom的调整中，我提亮了高光来匹配颜色的色阶。同时我对蓝色曲线进行了拉低，来给中间色调和高光增加黄色。最后，我在"相机校准"的"蓝原色"中提高了蓝色饱和度来提升整体的鲜艳度（**图3.28**）。

让我们来看一下最后的成品（**图3.29**）。同样的拍摄技法也被我用来创作本章章首页的图片。唯一的区别是，在封面照片中我在主光源上安装了青色的色卡。

现在我们知道了如何通过逐层布光拍摄照片了。在下一章中我们将会讨论如何仅通过改变灯源位置来混合和分离彩色光。

图3.29 最终效果。同样的拍摄技法也被我用来创作本书的封面图

避免稀释色彩　**73**

作品赏析

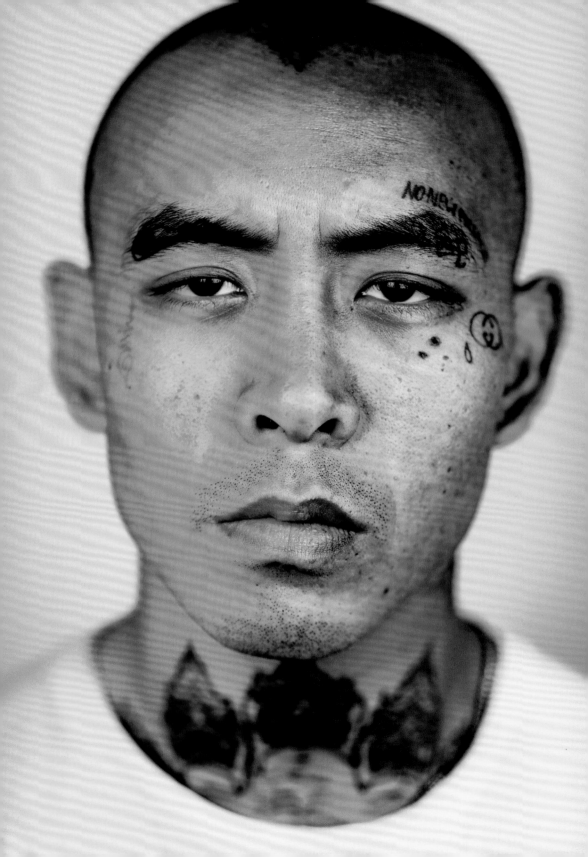

"生活中有些日子是黄色的，而有些日子是蓝色的。在不同色彩的日子里，我也会活出不同的自己"。

——苏斯博士，《多姿多彩的日子》的作者

第4章

阻隔、融合以及反射

　　将色彩理论应用于实践，最重要的一点就是要学会如何对光线进行塑形、安置以及引导。举个例子来说，当我们计划采用两种不同颜色的光线时，两种光线的距离、输出比例和与人物主体的相对位置将会决定颜色的分离与融合。在本章中，我会讲解以3种独特的方法来应对彩色光线：阻隔、融合以及反射。

色彩阻隔

色彩阻隔是一个经常被用在时尚设计领域的词汇，意思是在一件衣服或者戏服上使用（通常饱和度很高的）色块。色彩阻隔同样可以用来精准地描述在同一人物主体上使用多种不同颜色的光线，且颜色没有融合在一起的情况。

在**图4.1**中，我在靠近丹妮（我的摄影模特）很近的地方放置了两个柔光箱。其中一个柔光箱的位置非常低，角度朝上；另外一个柔光箱的位置比较高，角度朝下。这种打光手法叫作蛤蜊打光法。因为两个柔光箱距离很近（一个在另一个的上方），同时距离丹妮也有半米左右的距离，所以光线就没有足够的距离进行色彩重叠或融合。如果丹妮向后退十几厘米，光线的色彩将会重叠，进而融合创作出一种偏绿色的色调。

这种技法会从下方对人物主体进行打光，但是这并不适合所有的人，除非人物下颚的轮廓像丹妮一样突出。通常情况下，从下方打光并不是令人讨喜的方法。当我们正确地使用这种技法的时候，我们就能拍摄出人物眼睛中美丽的双色调，就好像**图4.2**中的黄色和蓝色正方形一样（或者在本章的宣传照中的橘黄色和青色）。

图4.1 打光布景。将光源放在离模特非常近的地方（本场景中，一只灯放在另一只的上面），确保没有色彩重叠，同时创造出崭新的混合的色彩。照片提供者是克里斯托弗·赫尔

图4.2 RAW文件效果。请注意人物眼中美丽的双色调

关于色彩阻隔，下一步需要考虑的是色彩的混合。尽管并不一定需要严格地遵守色彩理论（比如经常使用互补性的颜色），但是如果使用冷色暖色互相搭配的话，可以更好地帮助观众观赏整张照片。由于色片的颜色和密度都有所区别，使用双灯也会产生非常多的效果。举个例子来说，我的青色灯光需要比黄色灯光亮4倍才能平衡输出（**图4.3**）。到目前为止我还没有发现一种在混合颜色时快速确定等效光线输出的方法，所以我们不得不一次次地尝试。但是我需要再一次强调，分层次进行打光能够帮助我们快速地将不同颜色的光线调整为等效输出。

之后在Lightroom中，我增加了黄色的饱和度来让照片整体变得更暖，同时也是对青色更好的补充。正如你在**图4.4a**中看到的一样，我首先使用了"径向滤镜"，这样可以增加照片左上方的曝光。同时我也增加了"白色色阶"，这样可以改善照片整体的对比度（**图4.4b**）。我们需要确保所有的调整都适度，否则我们会迅速失去颜色的饱和度和高光中的细节。

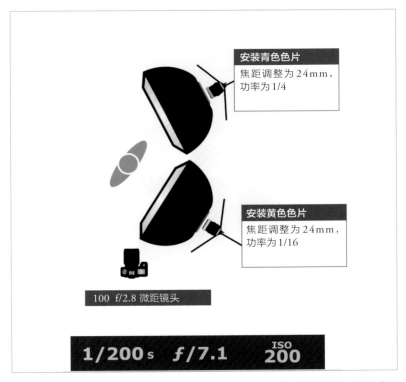

安装青色色片
焦距调整为24mm，
功率为1/4

安装黄色色片
焦距调整为24mm，
功率为1/16

100 f/2.8 微距镜头

1/200s f/7.1 ISO 200

图4.3　打光示意图。在这里我使用的青色色片的密度远高于黄色色片，所以我不得不将安装青色色片的闪光灯的功率提高为黄色的4倍来实现平衡

下一步，我通过"色调曲线"的调整来让照片整体变得更加温暖。在红色通道中，我拉高了曲线的上部，同时在左侧增加锚点防止为整张照片增加红色（**图4.4c**）。在绿色通道中，我拉低了曲线的下部来给阴影部分增加洋红色（**图4.4d**）。最后，在蓝色通道中，我拉高了下半部分的曲线来增加阴影部分的蓝色（**图4.4e**）。最后在"相机校准"面板中，我对颜色进行了最后的微调（**图4.4f**）。在最终效果**图4.5**中，颜色彼此分离而且丹妮的眼睛里充盈着彩色的反光。

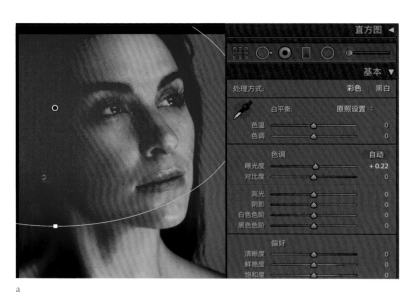

a

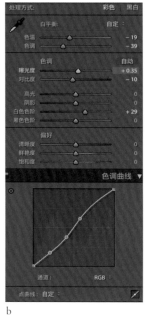

b

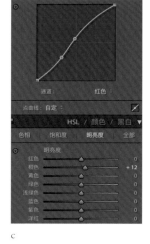

c

图4.4 Lightroom 的设置。我使用独立的"色调曲线"来调整照片中的黄色部分，使其更好地对照片中的青色进行补充

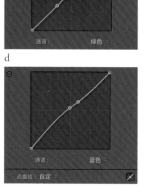

d

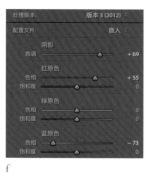

e

f

图4.5　最终效果。青色和黄色彼此分离而且丹妮的眼睛里充盈着晶莹的彩色反光

蛤蜊打光法可以使用多种颜色的组合。举个例子来说，在**图4.6**中，高处的闪光灯没有安装色片而低处的闪光灯安装的是蓝色的色片。

实现色彩隔离的方式不仅仅是蛤蜊打光法。在**图4.7**中，我在左侧放置了一个安装蓝色色片的柔光箱，在右侧放置了一个安装红色色片的柔光箱，同时在中间放置了一个安装绿色色片的"硬光"（这意味着没有安装任何光线修饰器）。所有的打光设备距离模特都为80厘米左右。正如我们在第1章中提到的，根据增色理论模型，我们知道红色、绿色和蓝色覆盖在一起就是白光。然而，我们使用的是色彩隔离而不是融合，所以不同颜色之间保持分离。

图4.6　在这张照片中，高处的闪光灯没有安装色片而低处的闪光灯安装的是蓝色的色片

我布置好了3种灯光，每次只使用一种颜色，而且每个灯源都有独立信道。我将人物主体和灯源摆放在距离白色卷帘不到3米的位置，这样一来部分绿色光线就能溢散到背景上。我需要确保红色和蓝色闪光灯摆放在正确的位置，这样它们就不会照亮背景，让背景保持绿色。在每一种色片都配有单独闪光灯的情况下，我在它们之间进行切换确保相似的曝光；**图4.8a**展示的是红色灯光，图**4.8b**展示的是蓝色灯光，**图4.8c**展示的是绿色灯光。当确保3种颜色灯光的曝光都准确无误的时候，我会同时点亮它们然后开始拍摄（**图4.9**）。

图4.7　我在距离模特谢尔比不到1米的地方放置了3个闪光灯，并且分别安装红色清色片、蓝色色片和绿色色片，来塑造色彩隔离。因为人物主体和闪光灯距离背景很近，所以部分绿色光线能照射到背景幕墙上

a　　　　　　　　　　　　　　　b　　　　　　　　　　　　　　　c

图4.8　通过分层塑造色彩，我确保颜色不会过分重叠或者融合

图4.9　红色光、绿色光和蓝色光在模特身上彼此分离

颜色融合

当灯源距离人物比较近的时候，颜色就会彼此分离；然而，当闪光灯距离人物主体足够远的时候，灯光甚至会超出取景范围，这样我们就可以融合两种不同颜色的灯光，创作出色彩斑斓的色调。

在**图4.10**中就同时使用了两种不同颜色的光：一只闪光灯安装了黄色的色片，另外一只安装了蓝色色片。通过选择对比色（或者相近色），然后调整两只闪光灯的输出来平衡色调间的差异，这样就能创作出带有彩色阴影而且整体均衡的照片。为了创作出**图4.11**，我使用了风格迥异的洋红色和绿色。请留意两只闪光灯的位置（**图4.12**），它们被放置在距离人物主体3米的地方，而且分别在房间的两端。同样的灯光布置拍出了两张照片。因为房间空间有限，右侧的光线被反射到了附近的白墙上来创造出大范围而且柔和的光线，这样能更好地与左侧的柔光相匹配。为了更好地平衡两种颜色，洋红色闪光灯的输出需要比绿色低4倍。

图4.10 在这张照片中使用了两种不同颜色的光：一只闪光灯安装了黄色色片，另外一只安装了蓝色色片

图4.11 在这张照片中使用了两种不同颜色的光：一只闪光灯安装了洋红色色片，另外一只安装了绿色色片

图4.12 闪光灯的布置图。因为房间空间有限，右侧的光线被反射到了附近的白墙上来创造出大范围而且柔和的光线

在另外一幅照片中，我为时尚设计师杰西卡·戴利拍摄了新品秀。她的设计非常令人兴奋而且充满了年轻的活力，虽然她的色彩风格通常是单色系的。尽管我使用中规中矩的打光方式完成了大部分的拍摄任务（就是传统的作品集风格），最后我节约出了一些时间来玩色彩，因为我知道在单色系的照片中加入一些色彩会赋予照片更多活力。

当我融合了两种不同颜色光线的时候，分层打光并不能在准确曝光上帮助我们太多。但是其仍旧可以帮助我们确认光线的覆盖范围，这也是非常关键的：因为我们需要确保每只光源都完整地覆盖了整个背景。这意味着，当平衡了不同颜色的光线后，我们仍旧需要同时使用两只闪光灯进行试拍，测试一下是否需要调整两只闪光灯的功率。

在**图4.13**中，我们能看到洋红色光完全覆盖了绿色光。在**图4.14**中，你能看到我过分调整了绿色光，所以拍出了另外一张失衡的照片。在**图4.15**中，我再次将光线进行了适当调整，但是很明显人物主体和光源距离背景太近，导致在背景幕墙上产生了多重阴影。一旦我将光源和模特移开1米多，就能拍出理想的作品了（**图4.16**）。

图4.13 在这张照片中，洋红色闪光灯的功率过高

图4.14 在这张照片中，绿色闪光灯的功率过高

图4.15 尽管照片中的颜色已经平衡，但是模特距离背景太近，导致在背景幕墙上产生了许多阴影

图4.16 RAW文件效果。现在照片中的颜色已经平衡，同时背景上的阴影也被尽可能地减少了

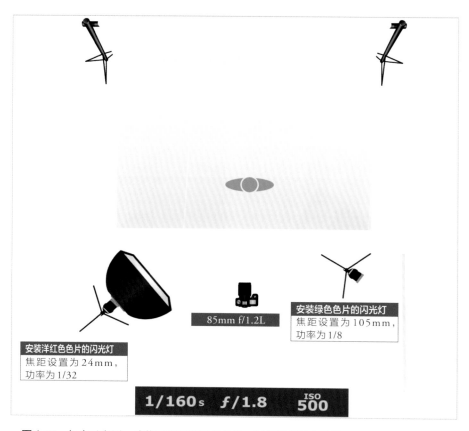

85mm f/1.2L

安装绿色色片的闪光灯
焦距设置为105mm，
功率为1/8

安装洋红色色片的闪光灯
焦距设置为24mm，
功率为1/32

1/160s *f*/1.8 ISO 500

图4.17 打光示意图。我将景深设置的非常浅，以保证背景在焦外。同时我将安装绿色色片的闪光灯的焦距调整为105mm，将反射光最大化

请注意**图4.17**中的打光布置。我使用f/1.8的光圈进行拍摄，以保证背景在焦外。因为仍旧会有少量绿色光线溢散到背景幕墙，所以我希望不会有任何背景幕墙的细节呈现出来。同时，我们需要将用来点亮背景幕墙的绿色闪光灯的焦距设置为105mm来让反射光最大化。

在对这张照片进行后期处理的时候，我在Lightroom中需要将白平衡调整得尽可能准确。这就意味着我们需要将绿色变暖，同时将洋红色变冷。正如**图4.18e**中所展现的，我所做出的最大调整，毫无意外地就是红色和绿色色调曲线。最开始我进行了局部调整（**图4.18a**），之后对不同的色彩通道进行微调。通过在两个色彩通道中进行相对大幅度的S曲线调整（**图4.18b**和**4.18c**），可以进一步改善图像中的洋红色和绿色。

在绿色通道中拉低左半部分曲线会让阴影部分变得洋红。然后拉高绿色曲线的高光部分，这样一来，图像中就会有更多的绿色高光。在红色通道中，我们也可以如法炮制，在图像中

增加更多的红色和青色。与此同时，我还拉低了蓝色曲线中的高光点，给图片增加黄色（图 **4.18d**）。最后一步是在"相机校准"面板中完成色彩的最后修正（**图4.18e**）。

现在杰西卡的新品秀在保证单色系完整性的情况下，拥有了绚烂的色调（**图4.19**）。

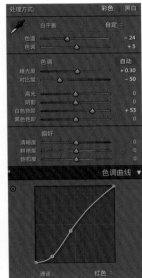

b

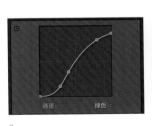

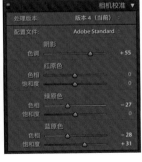

c   d   e

图4.18a～e Lightroom 中的设置。我所做出的最大调整就是红色和绿色的"色调曲线"

图4.19 最终效果。现在杰西卡的新品秀在保证单色系完整性的情况下，拥有了绚烂的色调

颜色的反射

下面的情况操作起来需要非常谨慎，因为一不小心就会发生错误。然而，只要我们正确操作，就可以使用一台闪光灯发挥出两台闪光灯的效能和色彩。

大家可以看一下我在**图4.20**中的灯光布置。我在距离人物主体约1米的地方放置了一卷红纸，然后将闪光灯放置在距离她头顶约1米高的地方，并且以一定的角度对准她。我在闪光灯上安装了黄色色片以及束光筒。束光筒的作用是将光线集中，防止其发散。成败与否就在几厘米之间。我需要让闪光灯照射在红纸与模特的眼睛齐高的地方，这样就会使红色光源反射回她身上，这束光将成为主要光线。我还希望这束黄色的直射光在照向红纸时，能铺满模特的头部和肩部，形成一束不同颜色的强调光。

我使用了一个自制的灯光调节器来塑造一个光带（为了使光线分散最小化），因为在市场上还没有类似的调节器。在**图4.21a**中，大家可以看到我用泡沫板和厚胶布组装了一个黑色的

图4.20　打光示意图。照向模特的闪光灯上安装了束光筒和黄色色片，模特靠在一卷红纸旁边，红纸的作用是反射填充光

图4.21a 我制作的15厘米束光筒,在黑色泡沫外安装了挡板

图4.21b 束光筒紧紧贴合在闪光灯上,而且挡板可以贴在理想的位置上

图4.21c 束光筒可以很平整地折叠起来然后装进相机包

盒子。这个束光筒大约15厘米长(长度越长,光线越集中),同时我们在终端安装了两个2.5厘米的挡板,用胶带将其固定在理想位置(**图4.21b**)。束光筒的尺寸需要和闪光灯的灯头相吻合。我这个自制束光筒最棒的部分就是可以很平整地折叠起来,然后装进相机包(**图4.21c**)。

我选择鲜艳红纸为反射面的原因是红色足够鲜艳和明亮,所以可以在人物主体身上反射足够光线(黑色色调就不会反射光线,而是吸收),但是如果颜色过分艳丽,黄色就很难与之混合。我选择黄色是因为黄色光很"全能"。黄色的色调是明亮的(这样我就可以用来进行反射),并且可以通过快捷的白平衡调整改变。而且在色轮上黄色和红色离得比较远,所以可以很容易地获得色彩上的平衡(**图4.22**)。

图 4.22　最终效果。尽管红色和黄色混合在一起会形成橘色，但模特面前的红色反光足够强，所以依然可以展现双色调的效果

图4.23　打光设置与之前的基本相同，除了闪光灯没有安装色片和光线调节工具

　　当我们的拍摄项目包含类似于太阳镜一样的反光表面，我们的反射打光技巧就会大放异彩。在**图4.23**，我的模特瑞秋戴了一副红色的太阳镜且身着红色上衣，并坐在相同的红色景布前。在这里与之前唯一的不同是，灯光没有安装色片和其他调节工具。景布不仅为人物主体提供了柔软的红色光源，同时也会在其太阳镜上反射出来。

　　光源的位置再一次发挥了关键性的作用。如果光源过多地打向右侧，部分光线就会照模特的脸上，并产生强烈的阴影（**图4.24**）。为了将其纠正过来，我改变了光源的位置，将其更直接地照向模特面前的景布。这样一来，光线就将人物主体与背景分离，同时照亮了其佩戴的眼镜（**图4.25**）。有意思的是，我如此深爱着之前打光布置中的黄红组合，所以这次我决定在Lightroom中对没有安装色片的闪光灯进行调整，拉低蓝色曲线中的高光（**图4.26**）。现在瑞秋只需要一杯草莓柠檬汁就能配合**图4.27**中色彩。

　　在下一个章节中，我们将会探索连续光的打光技巧，包括如何使用窗户光与之配合。

图4.24 如果光源距离一侧太远的话，光线就会照到模特的脸上，留下强烈的阴影（左图）

图4.25 当光源正确摆放后，瑞秋与背景分离，同时其佩戴的眼镜片上充满了柔和的红光（右图）

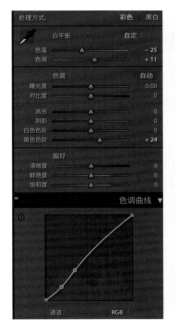
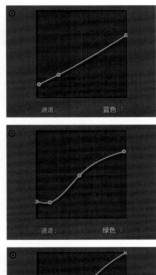
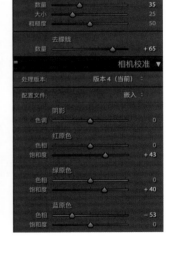
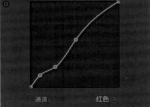

图4.26 我喜欢黄和红搭配起来的感觉，所以我在蓝色"色调曲线"中拉低了高光部分来增加黄色

图4.27 现在瑞秋只需要一杯草莓柠檬汁就能配合照片中的色彩

作品赏析

"让我将我的灵魂，沐浴在色彩中；

让我饱含日落，痛饮彩虹"。

——纪·哈·纪伯伦

第 5 章

连续光

当你开始尝试使用色片的使用，请务必从连续光开始练习，因为连续光可以让我们的所见即所得。通过覆盖不同的彩色光，我们会得到全新的色彩，这不仅仅奇妙无比，同时也是充满教育意义的事。我们将学到如何创作清晰或者模糊的阴影；以及控制阴影的长度；还有如何消除无色的阴影。这些都会加快我们学习的进程和节奏。

连续光不只只是灯泡。在我们身边到处都是连续光，而且每种连续光都有自己独特的色彩。试着在夜晚的街道上漫步，特别是在刚刚下过雨的人行道上，一切光线都被反射，然后你就会发现身边斑斓的色彩：琥珀色的街灯，明亮的交通信号灯，商店橱窗上的霓虹灯。这些都是进行颜色测试的完美素材。

比如说上一页的照片，唯一的光源就是街灯。那晚雨下得很大，所以我们选择了在能避雨的大桥下拍摄。大桥下光线的色温比背景中的街灯要高（意味着颜色更冷）。色温上的巨大差距塑造出了一幅生动的照片，充满了蓝色和橘色。

探索颜色之间的关系

连续光是学习颜色间关系的好帮手。对于这张照片来说，我从中西部照片交易所（Midwest Photo Exchange）的朋友那里租来了Fiilex的三光源LED灯组，然后挑选了一些足够大的色片来配合它们使用。LED灯体积不大，而且不怎么发热，并可以调整色温，而且还配备了强度调节器。因为色片的密度都不尽相同，所以强度调节器是非常有必要的。举个例子，当我需要平衡红、绿、蓝色色片的颜色时，红光和绿光的颜色需要减弱到一半来配合蓝光。

我在三只闪光灯上安装了色片，将其并排放置并且照向花瓶（**图5.1**）。当我将3个LED灯按照合适强度进行设置时，通过单色光叠加模型，在中间就会形成无色光。在高光外部，不同颜色彼此分离开来。相对于闪光灯来说，使用连续光获得这些色彩的优势是，可以轻易地学到色彩间的关系，因为我可以随时改变每一种彩灯的位置和角度也可以通过提升或者降低每种颜色灯的功率来获得不同的颜色组合。请看**图5.2**中3个安装色片的闪光灯所形成的不同颜色。

图5.1 灯光布置图。3台灯分别安装了红色、绿色和蓝色色片，并且并列摆放

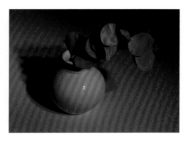

图5.2 左边的图片是红光和绿光的混合；中间的图片是蓝色和绿色混合；右边的图片是蓝色和红色的混合

在探索了不同的颜色组合后，我希望影子能稍长一些，所以我将灯光向后移了30厘米。当然我们也可以选择降低灯的高度。高度较低的光源可以拉长影子（想一想日落是如何拉长影子的）。在使用3种颜色光拍摄后（**图5.3**），我想要消除占据绝对优势的黑色阴影。我发现通过移动一台LED灯到花瓶的另外一边（**图5.4**），可以让阴影充满色彩，同时保持无色区域继续照亮白色花瓶（**图5.5**）。

图5.3 当3种颜色光重叠的时候，就会形成无色光来照亮花瓶。在花瓶后面能看到彩色阴影

图5.4 为了消除无色的阴影，我将一只LED灯移到了花瓶的另一侧

图5.5 花瓶仍旧被无色光点亮，同时无色阴影也不复存在

图5.7　在Lightroom中，我选择"白平衡选择器"工具，然后点击中性色彩的植被

图5.6　植物只被绿色光和红色光照亮

　　色彩理论模型无法教会我们实践性的知识，到目前为止，我的知识都是从实践中获得的。尽管我知道绿色和红色是相反的颜色，而且它们重叠在一起会形成黄色（**图5.6**），在身体力行进行尝试之前，我不会在Lightroom中对白平衡进行纠正（**图5.7**）来获得相对自然的颜色（**图5.8**）。通过理解并应用色彩和彩色光理论到我们所知晓的相机和打光领域，我们完全可以拍出"相机直出"的作品。

图 5.8 最终效果。在 Lightroom 中对色温进行平衡后，我得到了色彩自然的植被，且阴影的颜色是红色和青色

将连续光与环境光混合

现在我们开始在人物身上尝试彩色光。在接下来的场景中，我将会使用安装色片的LED灯以及部分窗户光。请看**图5.9**，我让模特坐在距窗户约3米的位置，保证光线没有明确的指向性，并在LED灯上安装了黄色的色片，然后将其放置在可以填充模特面部阴影区域的位置。我将相机的白平衡设置为"钨丝灯"，这样就会将窗户光转变为蓝色。我尽可能向右曝光，让照片整体看起来偏蓝（**图5.10**）。下一步，我调整了LED灯的功率，使其与窗户光的亮度相当（**图5.11**）。通过将安装黄色色片的LED灯和冷色温的窗户光混合在一起，我仅仅使用一台LED灯就创作出了黄蓝混合的照片（**图5.12**）。

在Lightroom中我增加了"白色色阶"，同时在红色和绿色曲线中提亮了中间色调的部分。同时我也提亮了绿色曲线的阴影部分并增加了些许"颗粒"来让照片看起来更复古（**图5.13**）。

图5.9 布置图。我的人物主体坐在距离窗户约3米远的地方，保证光线没有明确的指向性。然后安装了黄色片的LED灯被放置在能填充模特面部阴影的地方

图5.10 相机的白平衡设置为"钨丝灯",可以帮助我们将环境光转变为蓝色

1/125s	*f*/3.5	ISO 400

图5.11 打光示意图。我让窗户光照在模特脸上,然后调整LED光源的功率与其相匹配

图5.12 RAW文件效果。通过混合冷色的窗户光与黄色的LED光,我使用单灯实现了蓝黄双色调

下一步是颜色修正，我已经准备好了一套特别的工作流程，我将其比作跳背游戏。我会从一张简单的照片开始进行色彩纠正，当我满意后，我就会将这些设置复制粘贴到下一张照片中。通常来说，我的电脑需要两秒的时间来载入下一张照片，这样我的眼睛就会有足够的时间来刷新和适应。所以我根据每张照片进行调整，然后回到上一张照片继续复制。我不停地重复这一进程，直到拍摄的所有照片都是相同的风格，然后开始下一步。

在进行颜色校正的时候，我也会使用Lightroom前后对照功能，这样我就能看到原照和经过一步步调整后的照片。我们可以在视图菜单中找到这个工具（**图5.14**）。正如你所看到的，这里有很多"修改前/修改后"选项，能够让我们决定如何浏览原始图片和修正后的图片（**图5.15a**展示出了左右对比浏览，**图5.15b**展示出了上下对比浏览）。我使用了键盘上"/"键来实现这个功能。

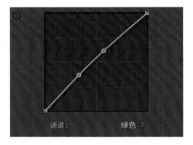

图5.13 Lightroom设置。我调整了红色和绿色的色调曲线，并增加了些许"颗粒"来让照片看起来更有质感

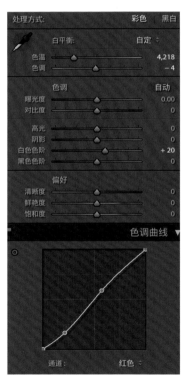

图 5.14 Lightroom 的"修改前 / 修改后"功能在进行颜色修正的时候异常强大

a   b

图 5.15 我们可以选择水平或者竖直来进行两张照片的对比

在管理不同面板做出的调整时，我所使用的另一个功能是开关按钮。每一个面板在左上方都有一个小开关（**图5.16**）。通过打开或关闭，我就可以控制是否应用该面板所做出的调整，来观察这些调整对照片的影响。

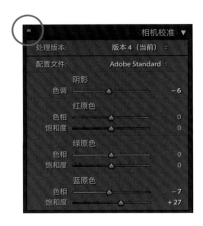

图5.16 我们可以使用这个开关键来察看所做出的调整对照片的影响

在我们进行颜色纠正时，要注意到周围环境以及自身的情绪。我发现最佳的环境是昏暗的房间，而不是明亮的环境。如果我在一个我不能控制光线的地方工作，比如咖啡店，我就会尽可能选择坐在远离窗户的位置，并且面对着墙。环境光将会影响我们看计算机屏幕的感受，这样就会间接影响调整照片中的颜色。通常来说，如果我对一幅照片的修改不是非常确定，我就会将这张照片导入手机，来看一下色彩和阴影在小型设备上的表现。这同样也是检验屏幕是否校准准确的好方法。

同时我也会谨慎地选择在修图（还有拍照）时听的音乐。人类是有感情的动物，所以在从事创造性行为的时候关注心情状态是非常明智的选择。举个例子来说，在后期处理这张照片的时候，我会听一些理性、发人深思的音乐，这样符合我在拍摄照片时的心境（**图5.17**）。当拍摄和处理一张活力四射的照片时，我们就需要更加"嗨"的歌单。

图5.17 最终效果。成品图所体现出的意境符合我在创作时的感受

作品赏析

"色彩会直击人类灵魂。如果色彩是钢琴键盘，那么眼睛就是一双灵巧的手在上面游走，灵魂就是这样一架奏鸣的钢琴"。

——瓦西里·康定斯基

第6章

快门拖动

　　加入动作或模糊的元素能让照片更加戏剧化。当我们使用慢门，尤其是1/30s或者更低的时候，（通常）还会配合棚闪，我们就可以创作出模糊的光效和定格的人物主体，这个技巧叫做快门拖动。这种技术常见于夜晚的长曝光、拍摄活动时捕捉运动物体（例如运动员、婚礼上舞蹈着的新人）。当然快门拖动还有其他很多应用，这些都会在本章中进行讲解。

对着深色背景进行拍摄

如果你之前研究过"快门拖动",你或许已经知道了"后帘同步"这个短语。这个指的是闪光灯在曝光结束时进行闪光而不是曝光开始的时候。

举个例子来说,物体在半秒时间内在取景框内从左到右移动。在这种场景中,一个运动的物体被环境光照亮,当其从取景框左侧移动到右侧的时候会留下轨迹。当闪光灯在曝光结束时进行闪光,相机就会记录下物体在取景框右侧时候的样子。如果闪光灯在开始移动时进行闪光,物体就会被定格在左侧。

但是我不是这样使用"快门拖动"的。我不去拍摄移动的物体,而是通过使用慢门拍摄,然后在曝光的时候移动相机,这样就能够主导照片中环境光的移动方向。正如**图6.1**中所展示的,红色的连续光分别从左到右,从上倒下,沿着对角线移动,这些都基于我相机的移动方向。

图6.1 图片中的光轨都基于我相机的移动方向

图 6.2　因为我使用相机移动来绘制光轨，所以我也可以拍摄无生命的物体，就比如这个手袋

因为我使用相机移动来绘制光轨，而不是捕捉移动的物体，所以相机"后帘同步"的能力不是必须的。这也意味着，我可以拍摄无生命的物体，比如图6.2。将连续光放置在与手袋倾斜的角度，这样就能够突出皮质的纹理结构。然后在绘制光轨的时候，我以符合皮纹角度的对角线方向来移动相机。

在使用"快门拖动"进行创作的时候，我会用到连续光源和闪光灯。在慢门和连续光源的帮助下，我们才能在图片中拍出光轨。闪光灯将会定格人物主体，在照片中生成锐利的图像。在图6.3中，我的闪光灯，同时配备了24英寸×24英寸（约61厘米×61厘米）的格栅柔光箱，这样就会得到边缘快速减弱的柔光（这意味着光线不会照到背景）。我的连续光源是一盏简单的100瓦的台灯，我将其放在地面然后角度向上。

图 6.3　布置图。我的主光源是安装了蓝色色片的棚闪，同时配备了24英寸×24英寸（约61厘米×61厘米）的格栅柔光箱。除此以外，我还使用了100瓦的台灯作为填充光源

灯泡的色温要比闪光灯的暖，所以当我在相机上使用"闪光灯"白平衡模式，灯泡看起来更黄了。为了配合橙色的环境光，我在闪光灯上安装的是青色色片，这样就会将光轨和定格的人物主体清晰地分开。

下一步就是确定快门速度需要多慢，这会决定照片中的光轨长度。我通常会选择1/30s的曝光时间，然后在必要的情况下降低到1/5s。举个例子来说，在**图6.4**左边的图片中，快门速度是1/15s，而右边的快门速度是1/25s。曝光的目标是在环境中不完全丢失主体的情况下，得到高质量的光轨。

图6.4 照片中的光轨基于快门速度、相机或物体在曝光时间内的移动而改变。左边的快门速度是1/15s，右边的快门速度是1/25s

图6.5 当使用"快门拖动"技术的时候，对着黑色背景拍摄更容易控制色彩

图6.6 如果环境光的光线强过闪光灯，人物主体就会迷失在光轨里。所以我需要增加闪光灯的功率来改善这一问题

图6.7 通过提高闪光灯的功率，并且降低ISO或者缩小光圈，就可以得到平衡的曝光

为了拍出理想的效果，我们需要先学会控制房间里面的环境光。连续光的光源需要比环境光的光源更亮，这就意味着我们需要在昏暗的房间内进行创作。同时我们需要对连续光进行塑形，决定是否安装挡光板、遮光旗或者直接避免将闪光灯照向背景。最后，在你最开始几次进行快门拖动的时候，我建议在黑色背景前进行尝试，这样可以更好地控制照片中的色彩（**图6.5**）。

下一步，在连续光和闪光灯之间找到一个亮度的平衡。在**图6.6**中，你会发现环境光比闪光灯更亮时候的效果，人物主体会淹没在环境光中。我不希望提高快门速度来降低环境光的效果，因为我需要长时间的曝光来拍摄光轨。因为我的台灯功率是恒定不变的，所以我需要提升闪光灯的功率来改变两者之间的亮度比率。

如果画面亮度过高，我需要降低ISO或者缩小光圈。我将ISO保持在100，现在人物主体看起来就清晰多了（**图6.7**）。

附注：我在相机上使用的是"后键对焦"，这意味着我可以提前在物体上对焦，然后就可以想拍多少拍多少而不需要再次对焦了。如果你也打算这么做，一定要牢记：如果物体前后移动的话，一定要重新对焦。

现在我已经准备好进行拍摄了，我一直牢记在心的是，相机的每一点动作都会改变照片中的光轨。我将对焦点放置在图片中央然后按下快门，并且突然向上晃动相机。这样就会在画面中形成由中心向下的光轨（**图6.8**）。正如你在**图6.9**中所看到的，台灯的位置偏低，在画面中从下面照亮了克里斯蒂，当相机向上移动的时候，产生了一条橘黄色的光带。

当连续光的亮度不同，闪光灯的设置也会不同，这也是为什么我没有在**图6.10**中包含我闪光灯的配置。如果你选择的是棚灯而不是闪光灯，那就需要安装一个减光镜来降低输出功率。举个例子来说，如果你使用的是保富图的套灯或者机顶闪光灯，即使设置成最低功率，也要比我用的小型闪光灯亮得多。虽然通常来说闪光灯功率大是好事，但是当我们需要低功率输出的时候也会成为问题。

图6.8 在长曝光时的相机动作可以理解为手腕的抖动。通过在曝光时向上移动相机，我能得到竖直方向上向下的光轨

图6.9 RAW文件效果。橘黄色的台灯摆放在比较低的位置，当相机向上移动的时候，台灯发出的光被转化为光轨

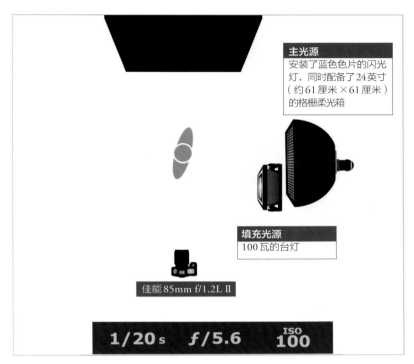

图6.10　打光示意图。主光源的功率随着填充光源的变化而变化。如果我们使用的是更为明亮的棚灯，我就需要使用减光镜来降低输出功率

在Lightroom进行调整的时候，我的目标是在不影响照片整体亮度的情况下，对橘色部分进行提亮。还好照片整体是蓝色，这样我就能更好地将图片中的橘黄色隔离出来。在**图6.11**中，大家可以发现我提了整体的曝光、提亮了"阴影"和"黑色色阶"，同时拉低了"高光"来维持住橘黄色光带。在色彩通道中，我拉高了红色和绿色曲线来突出光带中的红色、橙色和黄色并拉高了蓝色曲线中的阴影部分。下一步，在"分离色调"面板中给高光添加暖色调来凸显橘黄色光轨。最后，我在"相机校准"面板中调整了整体的颜色关系。

本次拍摄的最后一条贴士是：我的模特克里蒂是一名芭蕾舞演员，在我生活的这座城市工作。在过去的这些年里，我们已经合作过很多次。她也在《摄影用光无极限用简单设备构建随身影棚》系列书籍中出现过，在《摄影用光无极限用简单设备构建随身影棚2》中处理三色阴影技巧时，她也给予了我大力帮助。所以当我创作这本书的时候，我下定决心要带上她。模特足够自信而且优雅，能让我在研究新技法的时候，完全不用去摆姿这类工作。我能够专注于光线和其他变量，而克里蒂能够保证为我呈现完美身姿（**图6.12**）。

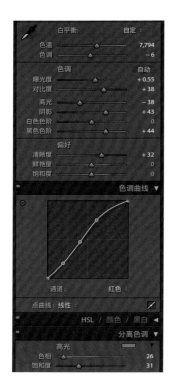
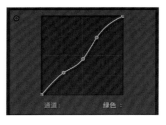
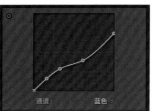
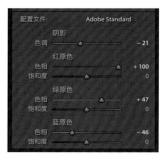

图6.11 Lightroom的设置。除了色彩纠正，我同时也降低了照片中的噪点

图6.12 最终效果。克里斯蒂身上（最起码看起来）火光跳跃

对着浅色背景进行拍摄

当我们已经深入了解如何给连续光塑形，以及如何与闪光灯形成亮度平衡之后，我们就可以尝试在浅色背景上面开始创作快门拖动的照片了。在**图6.13**中，我们能看到人物主体坐在白色背景幕布前面1米外的地方，在她不远处摆放着台灯和安装青色色片的闪光灯。台灯的光线直接投射在背景上，如**图6.14**所示。在**图6.15**中，我移动了台灯的位置，使其不再照向背景，将背景中的白色转变为阴影。对于青色的闪光灯来说，这部分阴影可以完美地被其上色，这也让照片整体发生变化（**图6.16**）。

图6.13 台灯直接照向白色的背景幕布的话就会冲刷掉青色的闪光灯效果

图6.14 青色的闪光灯填充了阴影部分，因为台灯过度照亮了背景，所以阴影较小，比较理想

图6.16 在背景幕布上减弱台灯光线后，留出了更多位置给青色的闪光灯来填充

图6.15 我将台灯放置在不再直接照向背景的位置

图6.17 当我们对一张冷暖色调占据绝对优势的照片进行颜色修正的时候，可以在Lightroom中对"色温"和"色调"进行大幅度的调整

就**图3.8**而言，当我们对一张冷暖双色调的照片进行颜色修正的时候，我提到过"白平衡"是多么强力的工具。让我们看一下**图6.17**中背景颜色的变化：只需要在Lightroom中稍微改变一下"色温"和"色调"就可以做到这一切。这种工具的好用性不亚于在我通过改变快门速度时，让更多或者更少环境光线进入。

对于接下来这组布置来说，我想要在人物的眼睛中展现出不一样的眼神光。我想要体现出细长而竖直的线条，而我知道通过使用管状灯可以帮助我实现这一效果（**图6.18**）。尽管在布置图中，我的模特沙卡坐在了一面黑色的墙壁前面，但事实上我为这次拍摄布置了白色的幕布背景。

我购买了黑色的管状灯架，然后搭配了冷色的灯光（色温在4000k左右）。这些器材花费极低（比起Kino Flo的灯便宜太多了，虽然亮度上有所不足）。我用几组弹簧夹将灯光固定在灯架上，然后将灯尽可能贴近人物主体，同时不进入被拍摄的画面（光源离得越近，眼神光的面积就越大）。同时我在灯架的后面贴了一些黑色的电工胶带，以防止背景被过度照亮。

除了沙卡眼睛中特殊的眼神光，我还希望为他和背景增添一份色彩。我调整了曝光，让荧光灯降低2～3挡，这样一来，红色和青色的闪光灯就会成为主光源。我将安装红色色片的闪光灯放置在靠近窗户的书架上，然后让其照向后面的白墙，这样我们就得到了绵软的红色背景。然后是填充光源（同样也作为背景光源），我使用了环形闪光灯（请参照第1章），并安装了青色的色片。

尽管在RAW文件中，红色看起来有些暗淡无光，但是实际上背景中融入的部分蓝色让我在后期处理时有了更多可能（**图6.19**）。

虽然在本次拍摄中没有很多的光轨，但是1/40s的慢门速度仍旧让我有摇动相机的机会，就好像在上一章节中的蓝色肖像照一样（**图6.20**）。只要照片中有锐利的部分，我就喜欢在拍摄时融入晃动相机的环节（**图6.21**）。

图6.18 布置图。我使用的是色温为4000k左右的管状荧光灯

图6.19 RAW文件效果。尽管荧光灯冲淡了红色和蓝色，但我会在后期修正的时候将其迅速调整过来

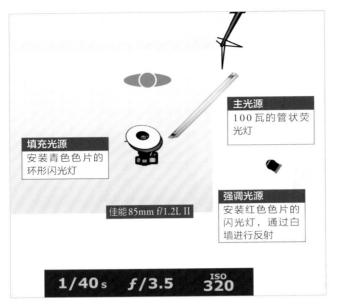

填充光源
安装青色色片的
环形闪光灯

主光源
100瓦的管状荧
光灯

佳能85mm f/1.2L II

强调光源
安装红色色片的
闪光灯，通过白
墙进行反射

1/40 s   f/3.5   ISO 320

图6.20   打光示意图。1/40s的慢门速度允许荧光灯对画面
进行填充，同时也让我用晃动相机进行创作

图6.21   我喜欢在创作时加入一些摇
晃相机的环节

为了增加照片中红色和青色的饱和度，我选择了Lightroom中的"去朦胧"和"相机校准"功能（**图6.22**）。因为这张照片或多或少有些双色调，同时包含了暖色和冷色，我可以在"相机校准"面板迅速提高颜色饱和度，同时保证了色彩的完整度（**图6.23**）。如果有超过4种颜色时，而且这些颜色与红色和蓝色相近（比如绿色和橘色），我就不能单单地增加饱和度，或者我就不得不冒着风险将所有颜色转化为红色和蓝色。

我们也可以仅仅使用管状灯和环形灯进行创作，如**图6.24**所示。我将灯源放在画面下方，然后让模特看向光源。相对于安装青色色片的闪光灯来说，色温为4000k的灯泡是暖色温的光源，所以我就能在后期的时候，轻易将其变得更加具有橘色或红色，并将眼神光转变为金色光芒。

现在我们已经研究了如何在照片中平衡连续光、棚闪灯的亮度，和如何进行快门拖动，在下一章中，我们会继续升级，探索如何创作多色的阴影。

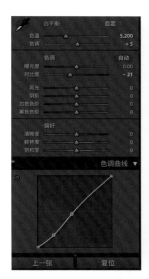

图 6.22 Lightroom 的设置。我可以使用"去朦胧"工具和"相机校准"面板来提升红色和蓝色

图6.23 最终效果。沙卡看起来酷劲十足

图 6.24 在这张照片中，我只使用管状灯和安装了青色色片的环状闪光灯

作品赏析

"当我深爱某种颜色时候，比如蓝色，我仿佛被咒语击中，而这咒语的威力让我反反复复欲罢不能地深陷其中"。

———麦吉·尼尔森，《BLuets》

第7章

赋予阴影以色彩

阴影无处不在。实际上，拍摄一张没有阴影的照片非常不易；我们需要几只闪光灯和一些反光板或者填充卡片。但是实际上阴影不是我们的敌人，反而是色彩的好伙伴。大家还记得在第1章结束时，橘黄色头发的埃莉诺吗？我想说的是，阴影成为了我所添加蓝光的容身之处。本章将会讲解如何巧妙地在人物主体和背景上添加阴影，同时赋予它们彩色光。

阴影的种类

现在让我们根据位置来重新思考阴影，并探索一些不同种类的阴影吧。

高硬度阴影

让我们想一下阳光明媚万里无云的天气或者没有安装修饰器的闪光灯，这种光线通常被称为"硬光"，此时的阴影是生硬和阴暗的。越小的光源产生的阴影越生硬，这意味着在同样距离下，闪光灯产生的要比棚灯更生硬。

阴影的清晰度取决于光线和人物主体之间的距离，以及人物主体和背景之间的距离。对于高清晰度的阴影来说，灯源需要放置在足够远的地方，而人物主体需要尽可能靠近背景。当人物主体离背景很近的时候，我们注意到阴影的清晰度是多么的高（**图7.1**）。人物主体离背景越远，阴影的清晰度越低。同时还需要注意的是光源和人物主体之间的距离，光源的位置需要足够靠后以保证光线充满充满整个画面。如果光源与人物主体之间距离过近，画面中间就会形成高光点。

图7.1 高对比度的阴影要比低对比度的阴影清晰得多。人物主体距离背景越近，阴影越清晰

图7.2 低对比度阴影的边缘不是非常清晰

低硬度阴影

　　漫射光，无论是经过云层漫射的太阳光，或者是经过柔光箱、反光伞修饰的闪光灯，都统称为柔光。我们使用柔光光源拍摄得到的阴影通常会有圆润的边缘，和顺滑的明暗交接（**图7.2**）。我们可以通过调整人物主体和背景之间的距离来柔化或者消除背景上的阴影。同样，光源的面积越大，光源越柔和；将光源移近人物主体就会减弱阴影，因为光源会将人物主体包裹在内。

方向性阴影

　　光源与人物主体的角度越极端，阴影就越长。举个例子来说，在**图7.3**中右边，我在模特身边以一定角度放置了一台没有安装色片的闪光灯，然后我们得到了长而清晰的阴影，正如**图7.4**所见。我同时还在比较靠前的位置放置了一个安装青色色片的柔光箱，让照片整体沐浴在蓝色的柔光中，并且在人物主体右侧创造出了柔和的阴影（**图7.5**）。当我们将两者结合时，没有安装色片的闪光灯填充了画面右侧大部分的青色阴影，而左侧高对比度的阴影的硬度丝毫未

图7.3　在靠近人物主体前方的位置，我放置了一个安装青色色片的柔光箱，并且在人物主体右侧以一定角度放置了一台没有安装色片的强光源

图7.4　强光的侧面角度，因为人物主体距离背景非常近，所以在人物主体左侧出现了长而清晰的阴影

图7.5 安装青色色片的柔光箱将整个画面覆盖上了青色，并在右侧形成了低硬度的阴影

图7.6 未安装色片的强光源填充了右侧大部分的低对比度青色阴影。在左侧的青色填充因为被包裹在强光阴影中而未受影响

受影响，被青色光所填充（**图7.6**）。

环绕阴影

我们需要特定的光线修饰器来实现环绕阴影——具体来说是环形灯。环形灯绕着相机镜头，所以光线会一直以镜头为圆心。而且无论从任何方向进行拍摄，都可以对人物主体进行均匀打光。如果我们使用环形灯光靠近人物主体（这种拍摄方法在美妆摄影中非常常见），我们通常不会看到背景。然而，如果我向后移动2～3米，我们就会看到环绕阴影了。

通过让人物主体站在距离背景2～3米的位置（**图7.7**），阴影就会减少（**图7.8**）。如果我们将人物主体靠近背景（**图7.9**），我们就会看到低对比度的阴影环绕着人物主体（**图7.10**）。现在，让我们加入一些色彩让其变得更加完整。我在环形灯上安装青色色片，同时在模特面前放置一个安装红色色片的柔光箱（**图7.11**），要保证在我的画面之外。

图7.7 环形光距离人物主体1.5米，而人物主体距离背景也是1.5米

图7.8 我们得到的阴影是柔软而顺滑的

图7.9 环形光距离人物主体的距离是1.5米，而人物主体紧贴着背景而站立

图7.10 我们得到的阴影是柔软而环绕的，目标达成

图7.11 安装青色色片的环形闪光灯创作出了环绕的阴影，模特面前安装红色色片的柔光箱对环绕阴影进行了填充

阴影填充

照片中的阴影不一定需要由人物来产生。在**图7.12**中，我将光源放置在人物头顶上方并且安装了束光板，在拍摄时近乎完全关闭束光板。这样就得到了银色光线，同时让照片整体笼罩在阴影中。我在光源上增加了黄色色片，同时添加了青色的环形灯作为填充光源，这样就得到了多彩的双色调（**图7.13**）。我在**图7.14**中使用了相似的布置，但是主光源没有安装色片，同时正对着人物主体。

图7.12　束光板形成了狭窄的光束，光束的衰减速度很快

图7.14　在这张照片中，挡光板放在人物主体的前面，而不是在人物主体上方（上图）

图7.13　我在配置了束光筒的闪光灯上安装了黄色色片，并且搭配青色色片的环形灯来创造缤纷的双色调（左图）

在本组拍摄中，我在人物主体身上创造了锐利的阴影用来填充色彩，并投射在没有任何阴影的背景上。我让模特坐在白色背景幕墙的正前方，同时在模特头顶上方安置了一台安装了红色色片的闪光灯来获得鲜艳的红色（**图7.15**）。我使用的是环形闪光灯（安装了蓝色色片）来填充阴影。位于高处的强光创造出了低角度的阴影，所以该阴影没有在我的照片中体现出来（**图7.16**）。蓝色的灯光虽然足以填充阴影，但是因为相对于红光的位置过低，所以改变了红光的色调，导致红色变成了轻微的洋红色和蓝色混合的双色调（**图7.17**）。

通常来说，两台闪光灯的输出功率取决于我们所选择的色片颜色。在本组拍摄中，我的主光源功率比填充光源低了4挡，部分原因是是因为主光源是赤裸的灯泡而填充光源经过了双层过滤；而且红色色片相对于蓝色色片而言密度较低，这意味着会有更多光线通过（**图7.18**）。

事实上我不喜欢画面下半部分伊莎贝拉衬衫看起来洋红色的样子，所以我在Lightroom中对照片的中下部进行了大幅度调整，将色温变得更暖同时拉低高光（**图7.19**）。我在"HSL"面板中对红色和蓝色进行调整，直到获得我想要的色调。同时在"相机校准"面板中，我进一步修改了色调。大家可以看一下**图7.20**中，伊莎贝拉的衬衫变成了顺滑的红色，同时蓝色的阴影区域呈现出更多的细节。

图7.15　我让模特站在紧贴白色幕布前，来获得鲜艳红色的背景

图7.16 位于高处的光源创造了低角度的阴影

图7.17 蓝色的填充光线虽然足以填充阴影，但是因为相对于红光的位置过低，所以改变了红光的色调，导致红色变成了轻微的洋红色和蓝色混合的双色调

主光源
安装红色色片，
焦距为24mm，
功率为1/64

填充光填
安装蓝色色片，
焦距为24mm，
功率为1/4

佳能85mm f/1.2L

1/125 s   ƒ/6.3   ISO 160

图7.18 因为色片密度和光线漫射的原因，安装红色色片的赤裸灯泡要比安装蓝色色片的环形闪光灯的功率低于4挡

图7.19　Lightroom 的设置。为了去除模特白衬衫上面的蓝色投影，我对图片的中下部分进行了大幅度调整。我们改变了色温，增添了更多的黄色和洋红色，同时拉低了高光

图7.20 最终效果。洋红色的投影消失了，呈现出强烈的蓝红相间色

底层光线

在上一组拍摄场景中，我提到了当同时处理冷暖色调时，"色温"是多么强大的选项。当对RAW文件的色温进行轻度修改的时候，我可以将浅洋红色投影转化为深红色。下一个例子将会告诉大家如何将冷暖色调叠加在一起，让我们在后期处理时根据色温来选择哪种颜色在照片中出现。

为了能够获得均匀而且柔软的红光（**图7.21**），我布置了两个灯源，分别放在模特的一侧，和靠近墙壁的位置对准模特（**图7.22**）。当然大家也可以在空间允许的情况下使用V字形进行布置，或者使用大型的柔光修饰器（如一台八角柔光箱）。我们的核心目标是创造一个大型光源，这样可以在模特眼中形成柔美的眼神光。

图7.21 照片的底层光是柔和均匀的红光

图7.22 为了获得红光以及埃米利娅眼中的大块眼神光，我在白墙附近放置了两台安装红色色片的光源。主光源安装了青色色片，然后在拍照时使用柔光箱

下一步，我将会在柔光箱上安装青色色片，然后将其放在埃米利娅的面前。柔光箱的功率需要足够高，才能让青色成为画面的主旋律（**图7.23**）。取决于我在Lightroom中如何调整"色温"，我可以增添暖色调或者彻底将其抹除（**图7.24**）。

图7.23 主光源的功率需要足够高来超越红光，使青色成为决定性的颜色

图7.24 在Lightroom对"色温"、"色调"进行调整，增加暖色调或者彻底消除暖色调

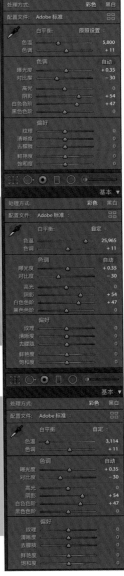

另外一件重要的事情是，如何在照片中保留戏剧化的效果。我花了好大力气才拍出一张吸引大家眼球的照片：从模特到发型师、化妆师的选择，到如何打光以及模特的姿势。如果我不能在后期处理的时候将照片的样式保持到最后，一切都前功尽弃了。大家看一下**图7.25**，只要在"基础"面板和"曲线"中稍加改动，同一张照片会发生多么巨大的变化。顶部的照片是我最初的颜色修正。当我数个小时后再回看这张照片，我发现我在Lightroom中将它的"曝光"调高了，所以失去了打光的效果。通过拉低"曝光"滑块，并且降低"色温"、拉高"高光"（来抵消降低的曝光），同时拉高红色曲线中的"阴影"部分，最后我得到了**图7.26**。埃米利娅总体是蓝色的，同时伴随着红色的高光萦绕在她的面部和眼中。

图7.25 Lightroom中的设置。通过拉低"曝光"，并且降低"色温"、拉高"高光"，同时拉高红色曲线中的"阴影"部分，我获得了戏剧化的颜色

图7.26 最终效果。埃米利娅总体是蓝色的，同时伴随着红色的高光萦绕在她的面部和眼中

多重阴影

正如我们在第1章中所学到的增色模型，当红色光、绿色光和蓝色光（或者青色光、洋红色光以及黄色光）叠加在一起的时候，就会形成白色光。因此，如果我们选择3组光源，并且分别给它们安装这些颜色的色片，叠加位置就会出现白色光。当叠加光被人物主体打断的时候，人物主体身后就会出现一系列彩色阴影（**图7.27**）。

我在我之前的书中提到过这个技巧（封面照片就是该技巧的展示）。距离那本书的完成已经两年了，我花费了很多时间来探索诸多新玩法。我已经知晓即使不使用洋红色，仍旧可以得到自然光的方法，大家在**图7.28**会看到，凯文·哈特身后黄色和青色的阴影。同样，我也尝试了很多其他的方法来创作阴影，比如**图7.29**中头发的阴影。最后，我将该技巧所需的器材做了极简化的处理。

图7.27 当青色、洋红色和黄光叠加在一起的时候，就会产生无色光。同时因为当单一或多种光被物体或人挡住的时候，就会产生多色阴影

图7.28 在只使用青色色片和黄色色片的情况下，我们也可以得到自然光。凯文·哈特已经帮我们证明了这一点

图7.29 风吹起来的头发也是完美的阴影缔造者，让这一技巧愈发完美

当我开始使用这种技法的时候，我搬来了3台灯辅助拍摄。这是个复杂而繁重的任务，特别是当我独自工作的时候。因此我想出来一个简易的（而便宜的）解决办法：冷靴延展法。在**图7.30**中，我们能看到两根40厘米的延展杆连接着尼康AS-19闪光灯架（这种灯架要优于单灯架）。然后我又制作了小型的金属支架来配合两个延展臂使用。我们需要确保连接处（而不是灯架）足够承受闪光灯的重量，并能支持住两个延展杆，否则支架就会被闪光灯压弯。

灯光之间的距离越大，照片中的彩色阴影就越长。在**图7.31**中，3盏灯彼此相邻摆放，这样就会产生短小的彩色阴影和宽大的无色阴影（无色阴影产生在光线重叠的区域）。当我在每两盏灯之间增加2.5厘米之后，彩色阴影开始变大而无色阴影开始变小（**图7.32**）。将3盏灯放在同一根支架上的另一个好处是可以快速调节位置来获得更长的阴影（**图7.33**）。

图7.30 我使用了两个40厘米的延展杆，配合金属支架来支撑延杆以及闪光灯的重量。这样一来，我们给延展杆上的闪光灯流出了足够空间

图7.31 3种不同颜色的闪光灯彼此相邻，这样我们可以获得更短的彩色阴影和大块的无色阴影

图7.32 3种颜色的彩色闪光灯之间距离增加了2.5厘米，这样我们就会有更长的彩色阴影和更小区域的无色阴影

图7.33 当3只闪光灯在同一只脚架上的时候，可以通过位置的调整来获得不同长度的阴影

我最近拍摄了一位身着珠宝的模特。她在脸上和胸前贴满了宝石。我本打算用三色法进行拍摄，但是我又在镜头上安装了保谷星光镜，来将珠宝上夺目的高光转化为闪耀的星芒（**图7.34**）。

为了将星芒闪耀最大化，我将灯光以一定角度照向我的模特，麦迪。这样我就可以看到珠宝上面的反光了（**图7.35**）。因为我没有在闪光灯上安装任何修饰器，所以我不停地在按遥控器上面的"测试"按键，这样我就能看到光线在照片中会照向何处（一定要告诉模特不要盯着闪光灯看）。

图7.34 布置图。我的光源放在左边，以相对较高的角度照向模特，这样就可以将珠宝上的反光最大化

绿光
焦距为24mm，功率为1/2

佳能85mm ƒ/1.2L
保谷星光镜

红光
焦距为24mm，功率为1/8

蓝光
焦距为24mm，功率为1/16

1/200 s ƒ/5.6 ISO 400

图7.35 打光示意图。为了在这些灯源之间取得平衡，我的绿色光源的功率为1/2，红色光源的功率为1/8，蓝色光源的功率为1/16

图7.36 我将每个颜色的灯单独闪光来依次调整。然后将所有信道都打开，确保我能得到中性光

图7.37 Cactus V6 II 遥控器最有价值的特点是，一旦我在不同光源之间找到平衡点，我就可以在保证比例不变的情况下，将功率提高或者降低

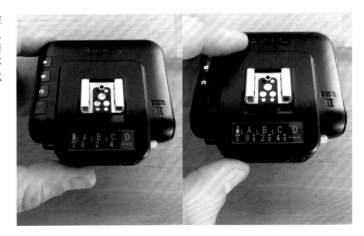

　　在使用这种技法的时候，需要做的第一件事情是平衡3台灯之间的输出。灯的输出取决于我们所使用色片的密度。我发现绿光（功率为1/2）的亮度通常为红光（功率为1/4）的两倍，而红光的功率又是蓝光（功率为1/8）的两倍亮度（**图7.36**）。在 Cactus V6 II 遥控器的帮助下，我可以快速地调整每个闪光灯的输出，每次只调整一台灯，通过分层打光来获得各个闪光灯之间的平衡。我每次在每台灯上增加1/3步长的功率，一旦获得理想的颜色比例，我就可以增加或者减少整体的功率，保持颜色的亮度比例不变（听起来不错吧？）（**图7.37**）。

当我确定好设置之后，我开始安排麦迪站立的位置，并从不同角度对她进行拍摄，来获得最佳角度的星芒（**图7.39**）。正如大家在布置图中看到的，我坐在一个带轮子的椅子上面，这样我可以随时靠近或者远离灯架，或者不停移动来改变构图，而不必一直坐站交替，或者跪着走路。这也节省了我大量的时间和精力。

在Lightroom中（**图7.40**），我决定通过拉低绿色和蓝色曲线的高光部分，这样照片中就会增加洋红色和黄色。尽管我们能通过调整色温来获得一张更暖的照片，但是我们可以通过拉低冷色调中的高光部分来减少人物主体的面部反光（**图7.41**）。

图7.38 RAW文件效果。麦迪不仅色彩斑斓而且星光璀璨

图7.39 这种技法我最喜欢的就是由于人物的动作而形成的无规则的彩色阴影

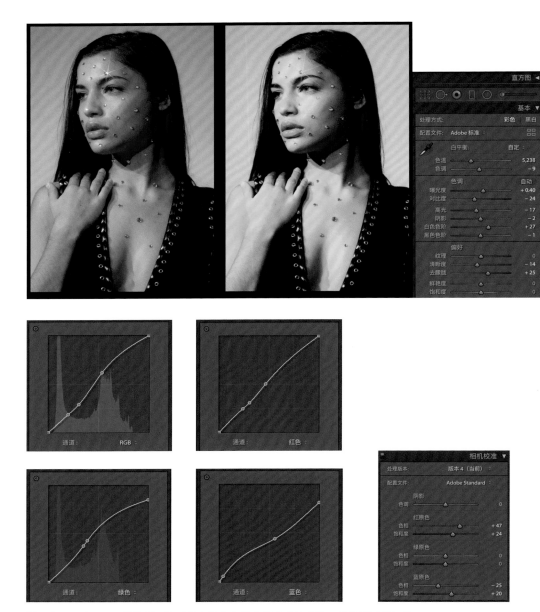

图7.40 Lightroom 的设置。为了将人物主体的皮肤反光最小化，我拉低了蓝色曲线的右侧部分，这样就会给高光增加暖色

图7.41 最终效果。麦迪散发着夺目的星光，就好像钻石一样

多重曝光

还有什么比玩酷无序和绚烂的阴影更有趣的事情呢？所以，让我们再添加一层非凡与色彩吧。很多相机都有多重曝光的功能。以佳能5D Ⅲ来说，在我们多重曝光前有很多选项可以供我们选择：我们需要选择曝光的次数；是否需要将每次曝光都保存下来，还是只保存一张成品图；以及照片如何混合在一起（**图7.42**）。

在**图7.43**中，我们可以看到柯蒂斯身上的彩色阴影，使用的就是我们刚刚提到的CMY技法。这是一张非常不错的作品，但是我想再加上一些亮点：使用相同的CMY技法，配合多重曝光。像往常一样，我仍旧将3台灯分开。

图7.42 当我们使用机内多重曝光的功能时，我们有许多选项进行选择，比如在同一张照片中，曝光如何混合在一起，以及是否保存每次曝光的照片还是只保留成品图

图7.43 我使用了青色、洋红色和黄色光来为柯蒂斯创作阴影

首先，我将相机设置为三次曝光，然后将混合模式设置为"平均"。对于拍摄3次的肖像来说，一开始，我关闭了信道B和C，只留下信道A，然后进行拍摄。接下来重复进行通道B和C的拍摄（**图7.44**）。在每次曝光的间隙，因为我需要控制信道的关闭和打开，所以我相机的位置会发生些许变化，我的人物主体也会发生些许移动。这就意味着每次曝光都是有些不一样的（**图7.45**），这样拍出来的照片更加生动和不凡（**图7.46**）。

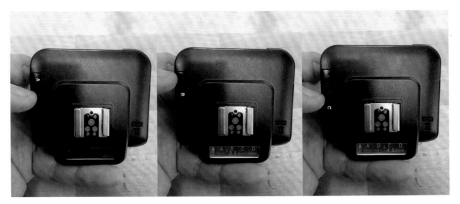

图7.44 我使用3只闪光灯进行多重曝光。一次曝光只使用青色，一次曝光只使用洋红色，一次只使用黄光

图7.45 因为我使用手持拍摄，所以每个画面都会有些许不同。在每次拍摄的时候，我的手相对人物主体都会有轻微移动，因为我需要切换不同的灯光信道

图7.46 这样我们拍出了比常规的多重曝光更为色彩缤纷、不同凡响的照片

图7.47　我经常让我的模特摆出一些动作，或者我在每次曝光的间隙将相机进行一些大幅的移动，创作出了色彩纷呈的抽象照片

　　多重曝光让摄影有了无限的可能性。当我开始使用多重曝光后，我需要向我的人物主体解释在每次拍摄中需要曝光的次数，让他们更加了解我正在做的事情以及我们的拍摄进展。有时我需要让模特保持站立不动，有时我会在每次曝光的间隙改变相机的角度、调整相机和模特之间的距离（**图7.47**）。

　　我们也可以尝试在每次拍摄的时候，使用不同的曝光次数和不同的混合模式。我们可以在**图7.48**中看到不同混合模式的区别。在**图7.49**中，我使用了**图7.46**中用来拍摄柯蒂斯的相同技法，但是这次我使用了红色、绿色和蓝色的色片，将混合模式调整为"明亮"。**图7.49**就是直出的原片，没有任何修改。最后得到的照片让我感觉好像所有的颜色都活了过来，在我面前纷纷起舞。

　　创作彩色阴影的方法有很多。探索不同光层之中色彩的融合，并且将这些与前面讲过的技巧相融合，这种永不止步的探索，才是我的心头最爱。

a

b

c

d

图7.48　通过改变混合模式，就可以大幅地改变整张照片。在照片（a）中使用的是"叠加平衡"，照片（b）使用的是"平均"，照片（c）使用的是"变亮"，照片（d）是"变暗"

图7.49 为了拍出这种直出的照片，我使用了**图7.46**中拍摄柯蒂斯使用的相同技法，但是这次使用的混合模式是"变亮"

作品赏析

"一点红要比一片红更生动"。

——亨利·马蒂斯

第8章

遮光器

遮光器通常指的是安装在剧院打光灯上的滤镜或者修饰器。我在实际操作中会将修饰器放置在灯源和模特之间来塑造颜色。由于这些器具不是安装在灯具上的，所以遮光旗和制影器（通常称为雕花摄影）是更贴切的称呼。但是为了简化我统称它们为"遮光器"，可以从摄影仪器专卖店购入，也可以是现成的物品，比如一根树枝或者链条状的围栏，只要它可以改变光线，你甚至可以用一个色片来当遮光器。

使用遮挡物

正如我之前章节所讲，当我们使用三色闪光灯时，如果光线被物体干扰，就会发生奇妙的事：因为无色的灯光照到模特脸上时会形成彩色的阴影。这些例子中的阴影是由主光源被遮挡而投射到背景上的，但是阴影其实可以由任何东西创造。见**图8.1**，模特的湿发垂在脸前，成百上千的发丝在脸上投射出无数的彩色阴影。

图8.1　模特的湿发可以当做三色灯光法的遮光器

图 8.2 情景设置是模特坐靠在白色墙上，这样阴影就能落在模特身上和背景墙上

图 8.3 拍摄原片时将遮光器放置在靠近模特并且距离光源至少 2 米的位置，这样阴影会更加明显

我让模特坐在白墙前（**图 8.2**），如果她离墙过远这样阴影会落在她的脸上而不是背景墙上模特和阴影就会在同一平面上。

接下来，我在模特身前放置了一盆植物，要靠近模特但是不能入镜。如果光源和遮光器靠得太近或者遮光器太靠近模特，阴影就会太模糊。我把灯源放在距离植物 2 米的地方，这样灯光会均匀地铺满我的画面。当我们用遮光器制造阴影时，之前章节讲的方法依然适用。总的来说，遮光器越靠近模特或者光源距离遮光器越远，阴影都会越清晰（**图 8.3**）。

当我们使用青色、洋红色和黄色色片来实现三色片打光时，三色光要在亮度上保持一致，这样投出的光才能均匀（**图 8.4**）。需要注意的是闪光灯和遮光器的大小要根据灯光到模特的距离而做灵活调整。我想要确保当光投射到墙面上时色彩不会缺失，所以我在 Lightroom 上降低了"高光"滑块（**图 8.5**），然后通过一系列曲线调节来充实颜色。我还通过"相机校准"面板提高了蓝色和红色的饱和度，并使用了"去朦胧"滑块来增强彩色阴影的饱和度，而且降低了

图8.4 如光线图所示，青色、洋红色和黄色的色片要在亮度上保持一致，这样他们才能照射出亮度相当的光线

佳能85mm f/1.2L II

三色光源

焦距为24mm，功率为1/8，分别安装了青色、洋红色和黄色色片

1/200 s　　ƒ/5　　ISO 200

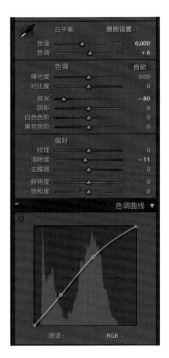

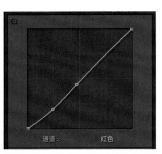

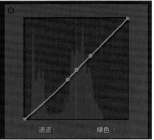

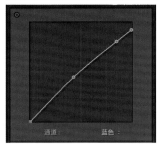

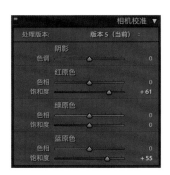

图8.5 在Lightroom的设置中，我降低了"高光"并且增强了"去朦胧"度来增加彩色阴影的饱和度。我还降低了"清晰度"来柔化阴影的边缘

图8.6 最终效果。彩色的阴影营造出热带的风情，丽萨·弗兰克一定会喜欢的

"清晰度"来柔化由于去朦胧度增强而变得更黑的阴影边缘。成片的效果对于丽萨·弗兰克T恤来说色彩足够鲜亮了（**图8.6**）。

使用色片作为遮光器

为了将人物主体或者照片中的色彩进行分离（正如本章开头的照片），在画面外悬挂了一块巨大的色片，而且需要将色片尽可能靠近人物主体（**图8.7**）。我从 Rosco 分别购买了2英尺×2英尺（约61厘米×61厘米）的红色、蓝色和黄色的色片。

之前有学生问我，为什么我不将色片只覆盖一半闪光灯，正如**图8.8**中所看的那样。因为这样拍出来的照片稀松平常，颜色和光线都过于寡淡，正如**图8.9**所示。

图 8.7 为了将颜色清晰地区分开来，我使用了一块大型的色片作为遮光器，将其放在距离模特尽可能近的位置

图 8.8 有些人错误地认为，可以通过将色片放在遮住闪光灯一半的位置来获得这种效果

图 8.9 将色片遮住一半闪光灯后，拍出来的照片毫无特点而且颜色寡淡

图8.10 尽管背景的红色非常艳丽，但是模特的脸暗淡无光

图8.11 当我对照片的颜色进行修正，来让模特的脸获得准确的曝光时，背景的颜色也被冲刷掉了

图8.12 将人物主体和遮光器从背景上移开后，单独对背景进行打光，这样我就可以更好地掌控照片中的红色部分了

　　这种技巧最佳的使用场景是包含一个单独被照亮的背景。因为色彩同时照在人物主体和背景上，在Lightroom中进行颜色的后期修正时，没有太多的容差。大家看**图8.10**中背景的颜色非常艳丽，但是模特的面部暗淡无光。然而，当我调整曝光来控制模特的面部亮度时，背景上的红色就被冲刷掉了（**图8.11**）。因为这种技法最妙之处在于模特面部的色彩，所以我需要将人物主体与背景分离，允许我只需要对一块红色区域进行调整，而不是两块红色区域。为了实现这一目的，我们需要移动人物主体和遮光器到距离背景2～3米处，然后分别对人物主体和背景打光。在**图8.12**中，我们可以看到这种技法的效果（这张照片的模特与另外一张不同）。

　　另外一种选择是将色片悬挂在镜头前面，然后透过色片进行拍摄让照片的整体区域被颜色覆盖（**图8.13**）。我从一张大块的蓝色色片上面减下了一块10厘米×10厘米的小色片，然后在其中间剪出来了一个5厘米的孔来进行拍摄。这与棱镜法有异曲同工之妙——棱镜法是摄影师在镜头前放置一块棱镜来为照片添加一层扭曲的效果——我们这种方法是希望为照片添加一

图8.13　布置图。我从大块的色片上剪下了一部分，然后在中间剪出了一个洞。我将这一小块色片放在镜头前面，并透过它进行拍摄

图8.14　这种技法与棱镜法有异曲同工之妙，但是我们是为照片增加色彩而不是扭曲效果

层色彩而非扭曲（**图8.14**）。这种技法相比于使用额外的、放在较低位置并安装蓝色色片的闪光灯来说，会有截然不同的效果，具体细节我们在第4章中已经讨论过了。

　　在我使用常规曝光为谢尔比拍摄了几分钟后，我打算尝试一些额外的动作。我将快门速度降到1/6s，然后每次拍摄的时候轻微摇晃机身（**图8.15**）。同时我的闪光灯功率足够高，让我可以把光圈缩小到f/8，这样让我将环境光降低3～4挡曝光，所以快门拖动的效果会可以更加短促（**图8.16**）。

　　在Lightroom中（**图8.17**），我将"鲜艳度"降低了一点，这样可以将模特皮肤上的暖色调和部分蓝色移除。同时我使用"径向滤镜"对她的眼睛进行了局部调整，提亮了阴影区域。然后是对"色调曲线"进行了一些调整，并增加了"去朦胧"和"颗粒"，最后"相机校准"中的对蓝色通道和"阴影色调"进行了调整（**图8.18**）。

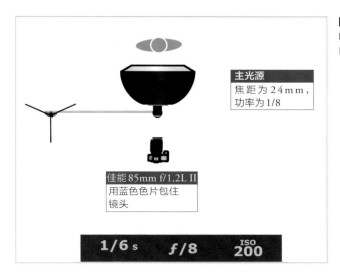

图8.15 打光示意图。在使用常规的快门速度后，我开始使用低速快门，让照片变得更具动感

主光源
焦距为24mm，功率为1/8

佳能85mm f/1.2L II
用蓝色色片包住镜头

1/6 s   f/8   ISO 200

图8.16 RAW文件效果。房间中的环境光被降曝3～4挡，这样使快门拖动更加短促

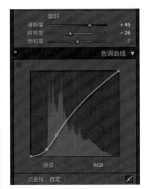

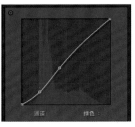

图8.17 Lightroom的设置。我将"鲜艳度"降低了一点，这样可以将模特面部的暖色调移除。同时增加了"去朦胧"和"颗粒"，最后对"相机校准"中的蓝色通道和"阴影色调"进行了调整

图8.18 最终效果。谢尔比有那么一些蓝（那又如何？）

熟练掌握操作流程

说到摄影技法，我的目标是持续练习直到彻底掌握。这样一来，当我为客户进行拍摄的时候，我就不必花大把精力去寻找各种问题的解决办法。我希望能留出更多的精力与模特进行沟通。一旦我掌握了一些拍摄技巧后，我就仿佛游戏里面将这些技能放在快捷栏里，这样我就可以随时根据模特的特质来调整布置进行拍摄。我可能在刚开始进行拍摄的时候，头脑中没有很明确的颜色和打光的想法，但是我希望在拍摄时候先看一下模特的衣着、妆容和头发的模样，再做出明确的决定。

尽管早早做规划是不可避免的，很多人也会这样建议，但我还是希望尽可能地进行开放式拍摄。多数情况下，我都是在拍摄的时候才决定如何进行打光。这样的话可以让我更好地与模特进行合作——有点类似爵士乐的即兴发挥。这就是为什么我需要一个极具创造性的团队。我相信发型和化妆师的审美，同时我也相信造型师和场景设计师的方案。

我不得不说，当我不能在前期规划时候有所建树，我的团队就会对我非常不满。我的回复通常是："我不知道如何打光最合适。我想要看一下造型师能为我们带来什么。如果你们希望在发型或者化妆上面进行创造性实验的话，先让我看看效果图。"

所以，举个例子来说，当一位模特穿着漂亮的花裙子来拍摄的时候，我就知道使用本章第一部分讲解的遮光技巧，这可以让她裙子上的图案更加灵动（**图8.19**）。如果模特穿着有褶皱的裙子，我就知道使用硬光在她身后进行打光，就可以完美地展现出裙子上面的纹路（**图8.20**）。这种工作方式让我不断成长——而且永远不会陷在别人走过的路上。

关于我的工作流程的一点感想：我们生活在一个纷繁杂乱的社会里。网络和社交媒体上的照片终日将我们淹没。我强迫我自己不去为这"噪声"添火加柴。限制自己从社交媒体摄入信息，可以让自己的大脑时刻保持清晰。

图8.19 当模特穿着花裙子出现的时候，我使用本章
第一部分提到的青色、洋红色、黄色色片配合植物的
技法来进行创作

图8.20 使用硬光在模特身后进行打光，就可以完美
地展现出裙子上面的纹路

使用这种方法来限制我自己后，当我打开社交媒体时，上面只有工作和研究的内容，这样
我就可以训练我的大脑，也让我可以活在当下，了解周围的世界并与之互动。这给了我无尽的
创意。这样我的摄影就永远都不会泯于众人，因为每当我打开社交媒体，我只能看到我想看到
的照片。同时我们也需要知道世界的发展有多么迅速，这样才不会停止前进的脚步。

作品赏析

"纯粹的色彩，不被内涵寓意所桎梏，也不与任何既有形式相羁绊，便有千种风情触及灵魂"。

——奥斯卡·王尔德

第 9 章

投影仪

依我看来，信仰不是唯一的。相对于过分依赖在后期中创作特效，我更倾向于使用可以触摸到的工具进行创作。我的想象力匮乏限制了后期创作，所以这就是为什么我希望在机内做到尽可能多的工作。举个例子来说，有一次进行拍摄的时候，我在人物主体面部上投影闪电图案，并且闪电以一种异常美丽的方式照亮了她的眼睛（详见本章后面的影集）。我在进行后期的时候绝不会想到以这种方式创作。投影仪是非常有用的打光工具，可以帮助我们随心所欲地创作想要的光影形状和颜色，这样我们就可以获得富有生命力的机内效果。本章我们就来探索使用投影仪作为打光工具在摄影创作中的多种技巧。

在背景上进行投影

我最早开始使用投影仪作为打光设备是在 2015 年，当时为旅行故事进行时尚主题拍摄。二月份的俄亥俄州，当时唯一能拍摄的户外场景是黑夜、白雪和冰冻的大地，所以我在模特身后投影了秀丽的景色。当时我所使用的是一台老旧而且模糊的投影仪，一旦碰到它就停止工作。尽管这些因素干扰了我的工作，但是我仍旧拍出了让我自己满意的作品（**图 9.1**）。

因为投影仪的光线过于昏暗，而且我还需要将投影仪放在距离背景足够远的地方，这样才能将背景填充到整个画面，所以我不得不将整个房间环境变暗来让投影足够明亮（**图 9.2**）。上面的一切都是为了告诉大家，在选择投影仪的时候，一定要选择光线最明亮的那一款。我之前购买了爱普生 EX3240；基本上来说这已经是我能找到最明亮、评价最高的投影仪了（3200 流明），而且价格合理。

图 9.2 因为投影仪的光线过于昏暗，所以我不得不将整个房间的环境彻底变暗来让投影足够明亮

图 9.1 为旅行故事进行时尚主题拍摄，我使用投影仪在背景上投射了秀丽的景色

 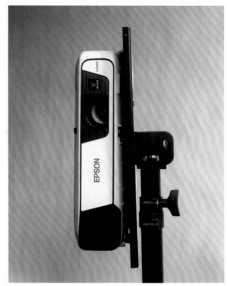

图 9.3 我用胶带将投影仪粘在笔记本电脑支架上面，这样我就可以水平或者竖直摆放投影仪了

使用投影仪作为光源最大的问题是很难找到最佳位置。投影仪的设计初衷是固定使用，所以我找到的所有投影仪支架都是根据这一初衷进行设计的。最理想的支架是固定在球台上面，这样我就可以将其摆成任何角度了。目前我想到的最佳解决方案是笔记本电脑支架（**图 9.3**）。支架可以以单轴方向移动，可以竖直或者水平摆放。我使用强力胶带来将投影仪粘在笔记本电脑支架上。如果你恰好有更好的解决方法，请想尽办法告诉我。

在拍摄的时候，有很多种使用投影仪的方法。我们可以将投影仪对准模特身后，正如我在**图 9.1** 中的创作方法；我们也可以既对准模特，又对准背景；抑或者我们选择只对准模特，而不投影到背景上。一旦我们决定被投射的主体是什么，就需要开始计算曝光，并且需要考虑到房间中环境光的影响。在**图 9.4** 中，我们可以看到隔壁房间中的钨丝灯如何影响了曝光。

下一步，我们需要检查一下投影仪的分辨率设置。在**图 9.5** 中，我们可以看到左侧的投影质量非常差，照片像素化非常明显。解决办法之一是轻轻转动投影仪的镜头直至失焦。另外一个解决办法是在投影仪的菜单设置中降低锐度。小提示：当投影仪足够贴近人物主体时，几乎不会发生照片像素化的情况。

图9.4 当我们使用投影仪的时候，需要确保房间中的环境光不会影响投影仪的图像，正如左图中所看到的橘黄色光线

图9.5 通过在投影仪的菜单设置中降低锐度或者转动投影仪的镜头直至失焦，我们可以避免人物主体身上的大块像素点

同时在人物主体和背景上投影

在本组拍摄中，我为一位当地服装设计师的新品集进行拍摄。设计师在衣服上使用了大量花瓣样式的图案。我和设计师商量之后，决定在拍摄的时候将她的设计投影到模特和衣服上面。

在开始的时候，我启动了投影仪并且关闭了房间的灯光。为了充分利用投影仪的亮度，我们需要调节投影仪，使之尽可能靠近人物主体。这意味着，因为我所拍摄的是竖直的人像，投影仪也需要以90度角进行投影。

当我们同时在人物主体和背景上进行投影的时候，人物主体的阴影将会出现在背景上（**图9.6**）。正如我们在第一章和第七章学到的，阴影是上佳的色彩容器。相对于将我自己放在一个看不见背景上阴影的位置，我更倾向于使用色片。我选择青色色片来配合洋红色和海军蓝色调的衣服，这样就可以提升整体的色调。暖色调可以让衣服的颜色更加自然，蓝色的暗色阴影在

图 9.6 当我们同时在人物主体和背景上进行投影的时候，阴影就会出现在背景上

图9.7 我在人物主体右上方放置了一个柔光箱，并在柔光箱上安装了青色色片。这样我们就可以用色彩填充投影仪产生的阴影

图9.8 RAW文件。投影仪产生的阴影现在是青色的

黑色系衣服的映衬下会看起来更加暮气沉沉。我在柔光箱上安装了色片，将其放在模特的右侧一个比较高的位置（**图9.7**），这样我就可以使用柔和的青色光线填充厚重的阴影了（**图9.8**）。

　　大家请注意我在**图9.9**中相机和闪光灯的设置。投影仪需要距离人物主体4～5米，打光角度是从头到脚，这就意味着投影的图像会不够明亮。这样一来，我只能降低我的快门速度到1/40s，光圈到f/3.5。我使用ISO 500来让投影获得足够的曝光。这意味着，我的闪光灯功率需要降低到1/64，这样亮度才不会超过投影仪。如果我不需要拍摄全身照，我就可以将投影仪离模特更近一些了。更为明亮的投影意味着使用更快的快门，更小的光圈以及更为明亮的闪光灯输出。

当我在Lightroom中打开文件之后（**图9.10**），先使用"渐变滤镜"，从照片的底部开始，将阴影拉高。下一步，我对"色调曲线"进行了一系列的调整来让颜色变得更加充实。然后在"HSL"面板中，对蓝色/青色、红色/紫色/洋红色进行了色调和亮度上的修改。最后我使用了一点"去朦胧"功能，然后在"相机校准"面板对整体颜色进行了调整（**图9.11**）。

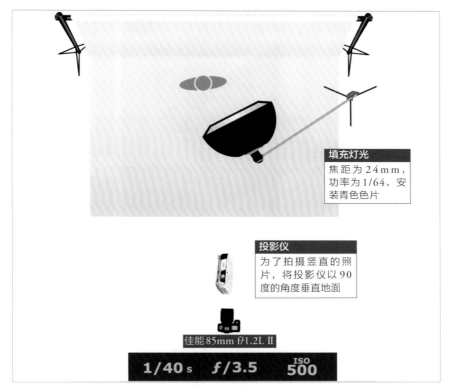

图9.9 打光示意图。投影仪距离人物主体4～5米，所以投影仪的光线不是很亮。我只能使用较慢的快门、较大的光圈以及较低的闪光灯功率

图9.10 Lightroom 的设置。我使用了"渐变滤镜"由下而上，将阴影拉高。然后我从 3 个面板对颜色进行调整："色调曲线"，"HSL / 颜色"及"相机校准"

图9.11 最终效果。投影仪和闪光灯的颜色和图案将会帮助我们更好地展示衣服

在人物主体上进行投影

我的很多投影素材都是在 Photoshop 中完成的。我制作了包含简单形状和色彩的图案，比如在**图9.12**中蓝色背景上的橘黄色圆。我们可以在**图9.13**中看到同时在人物主体和背景上投影的效果。在**图9.14**中，你能看到人物主体距离墙约2米远，距离投影仪的距离是1米。大家看只要简单走几步，改变我与模特的角度，相机就只拍摄了部分墙壁，所以背景是黑色的（**图9.15**）。世界上没有任何色片可以实现如此干净的转换。

图9.12 我制作了一些简单的形状和颜色设计作为投影的素材，比如在蓝色背景上面的橘色圆

图9.13 在人物主体和背景上同时投影

图9.14 在人物主体上面投影的图案，人物主体距离背景约2米远。站在模特旁边一两米的位置，改变一定角度，我的相机拍下了没有被照亮部分的墙壁，所以照片的背景是黑色的

图9.15 图案形状在人物主体上，却不在背景上

　　创作投影素材的另外一种方式是对既有照片进行修改。我使用搜索引擎来寻找素材照片，大家记得修改搜索选项，只要大型照片。我们可以根据要求来寻找开源的照片，这一点非常重要，因为如果我们使用的是有版权的照片，即使是做了修改也会侵权（我从不这么做）。

举个例子来说，我找到了一张比较满意的大地龟裂照片，然后在Photoshop中打开。我选择了"魔棒"工具，将"容差"选为50，这样我可以将图片中最大的裂缝都选择出来（**图9.16**）。如果我想确保选到了所有的裂缝区域，我可以按住"option"键PC则为"Alt"键并点击鼠标左键，然后选择"选取相似"选项，就能选中图中所有的黑色裂缝，但是事实上我一开始只选择主要裂缝的方法更好点。下一步，我创建了一个填充图层，使用"纯色"选项（**图9.17**），然后将颜色设置为红色（**图9.18**）。当我删除掉原始图片所在的图层，就只留下了红色的裂缝（**图9.19**）。最后我又建立了另一个填充图层，这一次的颜色是黑色，并让其成为最底层（**图9.20**）。之后将图层合并，保存为jpeg格式。原始图片在我模特身上留下的唯一一部分就是鲜艳的红色裂缝（**图9.21**）。

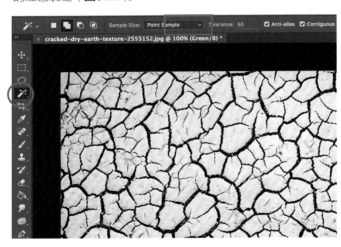

图9.16 当我下载了图片并在Photoshop中打开后，使用魔棒工具（容差为50），然后选择了黑色的裂缝

图9.17 我创建了纯色图层

图9.18 将颜色设置为红色

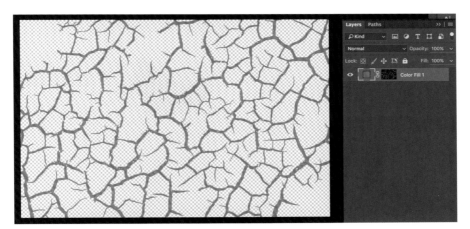

图9.19 删除了背景图层

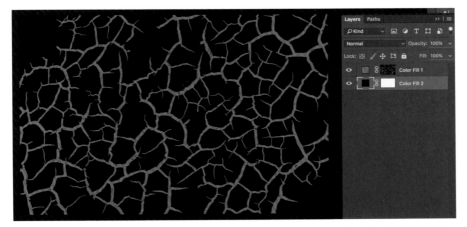

图9.20 我创建了一个新的填充图层，颜色为黑色，并将其放在最下方。然后我将图层合并，并保存为jpeg格式

图**9.21** 最后的图案

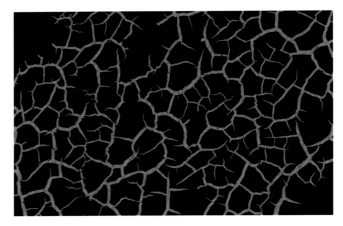

图**9.22** 打光示意图。因为在这组拍摄中我不需要拍摄全身图，所以投影仪可以放在距离模特比较近的地方

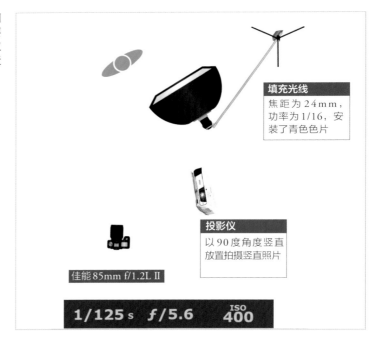

填充光线
焦距为24mm，功率为1/16，安装了青色色片

投影仪
以90度角度竖直放置拍摄竖直照片

佳能85mm f/1.2L II

1/125 s   f/5.6   ISO 400

　　我已经制作了数十张图案，在创作时供我或者模特挑选。一旦选好一张照片后，我就将计算机与投影仪连接，然后将投影仪调整为90度垂直于地面（假设我拍摄的是一张竖直照片）。在本组拍摄中，人像的构图在腰部以上，意味着我可以将投影仪放在距离模特2～3米的地方。这样投影的亮度就会高，所以可以使用更快的快门速度、较低的ISO、更小的光圈来消除环境光（**图9.22**）。

在**图9.23**中，我将龟裂的大地投影在模特身上。我在柔光箱上安装了青色的色片，然后以与相机成45角放置，让模特处在阴影中。我将投影仪放在与主光源相同的角度，然后试拍一下，看是否需要移动任何东西重新布置。使用投影仪作为光源的一个好处就是我们可以在数秒之内对投影进行调整。因为我已经将投影仪与计算机相连，我可以在 Photoshop 中打开投影的照片调整色调，甚至可以使用调整工具对厚度进行调整，并对照片进行旋转。

通常来讲，我会使用单色的投影，配合安装色片的补充光源。正如我在介绍快门拖动技法时候所讲到的，当创作同时包含冷色和暖色的双色图片时，我们可以在后期时通过改变白平衡来大幅地改变整体色调。对于这张照片来说，我可以通过在红色曲线中提亮高光部分来突出红色效果，然后在"相机校准"面板对红色和绿色进行调整（**图9.24**）。我增加了一些"去朦胧"来让照片整体增加一些黑色戏剧的效果，然后通过增加一些"清晰度"来让肌肉线条更加明显（**图9.25**）。

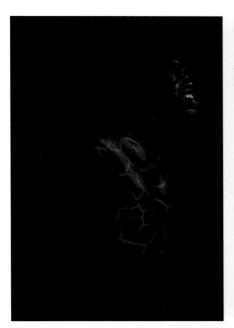

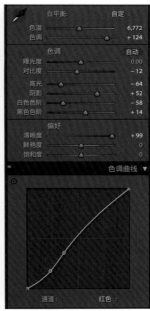

图9.23 RAW 文件效果。颜色需要进行强化和突出

图9.24 Lightroom 的设置。我通过去"朦胧"和"相机校准"面板来强化红色和蓝色。通过增加"清晰度"，我可以让人物主体的肌肉线条更加明显

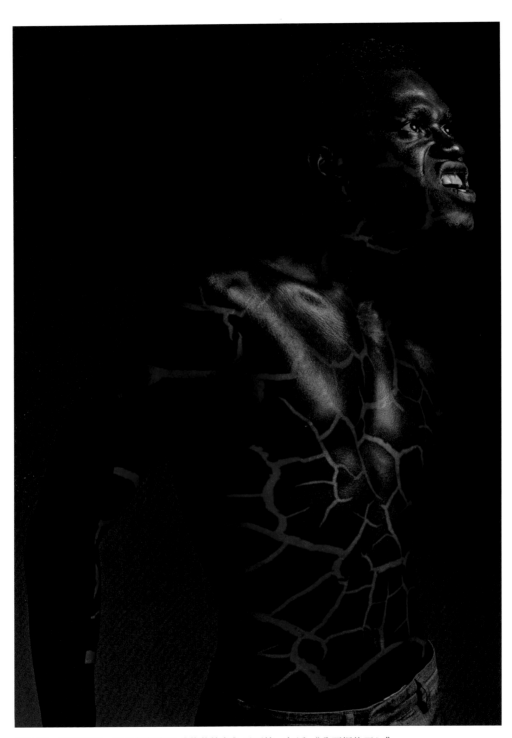

图9.25 最终效果。忽然想起电影《菠萝快车》里面的一句话："我要爆炸了！"

使用投影仪进行各种各样的实验是非常有趣的。我们可以在多重曝光的过程中使用视频或者连续放映的幻灯片，本章开头的照片就是使用这种方法创作的。一定要尝试将投影投射在人物主体的阴影位置（**图9.26**）。本书前面讲解过的任何技法都可以与投影仪配合使用。

图9.26 将投影仪摆在不同的位置来填充人物的阴影

图9.27 因为投影仪是连续光源，我们可以使用快门拖动来对照片进行改变

　　就我个人而言，我最喜欢使用的方式，是将投影仪配合快门拖动，因为投影仪可以为我们提供连续光源（**图9.27**）。取决于我们所使用的投影仪种类，我们可以创作出不同效果的快门拖动。大家可以看一下使用短距离投影仪的效果（这种投影仪可以在短距离内投影大型的照片）（**图9.28**）。要注意，我们不能使用闪光灯代替投影仪来进行快门拖动，因为闪光灯并不是持续光源。

图9.28 当我们将快门拖动和短距离投影仪结合在一起后，和使用普通投影仪效果大不一样

作品赏析

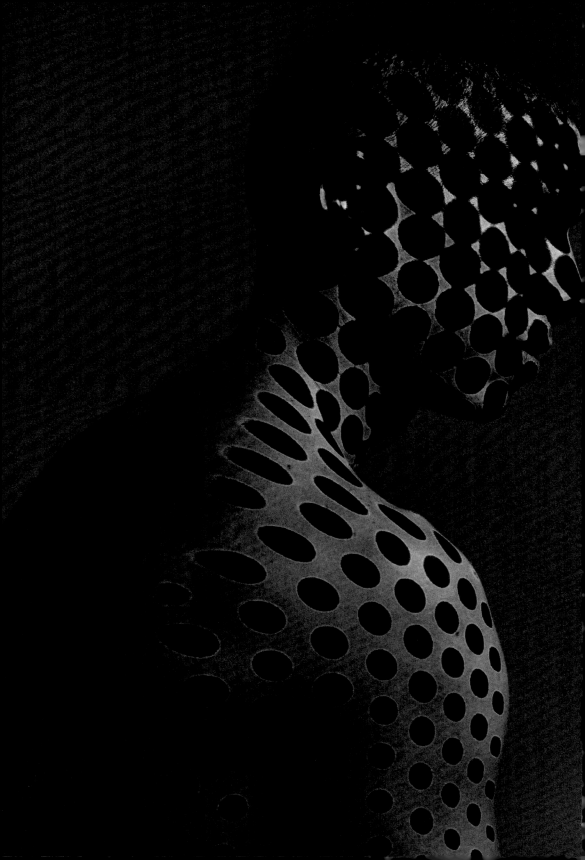

"有些彩色照片是黑白的"。

——比尔·沃特森,《卡尔文和霍布斯》作者

第10章

黑白的色彩

你可能正在疑惑为什么一本探讨色彩的书籍会有一个章节是关于黑色与白色的。但是如果你已经熟悉了Lightroom,你也许已经注意到当转换成"黑白"模式时,"色调""饱和度"和"亮度"会显示为"黑白混合"。这个功能能够提高或降低原片中单色的亮度。这意味着除了调整"对比度"或"色调曲线"之外,你可以做更多细微的调整来确定图片的灰度。在这个章节中,我们会讲到如何用色彩更可控地提亮黑白照片的亮度。

色彩调整

在**图10.1**中，我将不同的彩色灯投射到我女儿玛格特身上来演示如何使用"黑白混合"的功能。我使用了"基础"面板上部的"黑白"切换至黑白模式（**图10.2**）。当你将彩色模式转换为黑白模式时会出现一个初始设置（**图10.3**）我通常情况下会先双击"黑白混合"的按键来使所有滑块归零（**图10.4**），这样我能更好地确定增加哪些颜色，同时降低哪些颜色来达到我想要的效果。

图10.1 在这张原片中，我把多种颜色同时投射到我女儿身上来演示如何在Lightroom的黑白模式中调整颜色

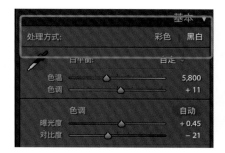

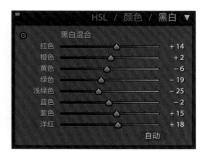

图 10.2　切换至黑白模式来对图片进行色彩修正

图 10.3　转换至黑白模式后色彩滑块，选择预置的"混合"

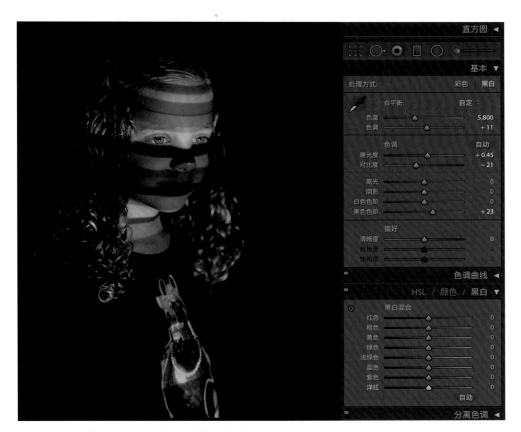

图 10.4　双击"黑白混合"按键使预置的参数归零

接下来，我分别选择了一个冷调和暖调的颜色，然后增强其中一个并降低另外一个。在这张照片中，我增强了青蓝色系降低了红橙色系（**图10.5**）。现在红橙色系的色带几乎成了黑色，青蓝色变成了浅灰色。你可以在"白平衡"面板中调节"温度"和"色调"来加深或者降低灰度，以此进一步调整颜色。**图10.6** 所示，我的深灰度接近于黑色，浅灰度几乎接近于白色。

当我调成了自己想要的颜色后，我会调整"色调曲线"来给黑白照片加一个色调（**图10.7**）。需要注意的是在"色调曲线"中调整颜色不会影响灰度和黑白混合区域。接下来我提高了图片的"清晰度"来突出不同的色带，并且右滑"绿色"滑块左滑"红色"滑块。我进一步微调了"相机校准"模块中的颜色，使"阴影"偏向绿色并且降低了蓝色的饱和度。在**图10.8**的最终效果中，先前浅灰色的色带变成了黑色，之前较深的色带现在变得明亮了。

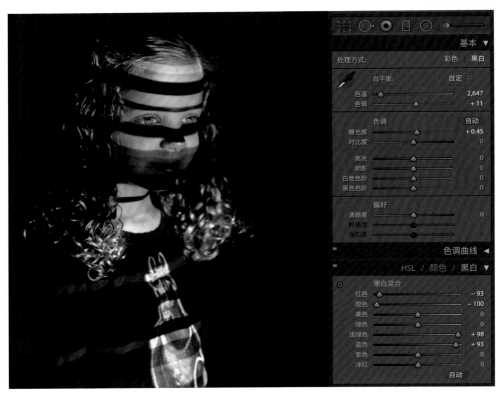

图10.5 我增强了青蓝色降低了橙红色来改变暖色和冷色，然后持续调整白平衡面板中的"温度"和"色调"直到成为我想要的样子

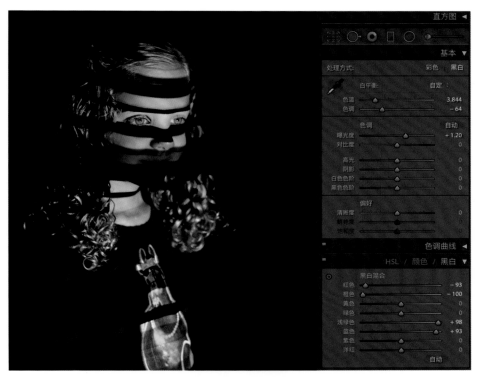

图10.6 通过轻微改变"温度"和"色调"滑块，部分颜色会从灰色变成黑色

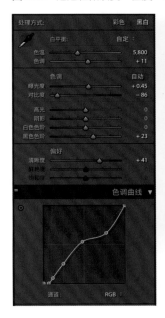

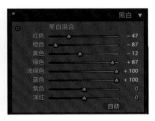

图10.7 在Lightroom的设置中，我提高了"清晰度"来凸显不同的色带。我通过调整"色调曲线"来增加对比度，并且在"相机校准"面板中降低了"蓝原色"的饱和度

图10.8 在成片中之前浅灰色的色带变成了黑色，之前较深的色带现在变得明亮了

红色和青色

在我之前的色片实验中，当我没能获得想要的颜色时，我就会使用黑白模式作为补救。现在，黑白模式给了客户除彩色模式以外更多的选择。在上一章节中我使用了色带来展现色调的魅力。但是当我为了拍摄黑白照片而使用色片时，我只用红色和青色。

这两个颜色涵盖了色谱中冷色和暖色的部分，所以我可以在"白平衡"和"相机校准"面板中做调整来获得更多的颜色。在**图10.9**中，你可以看到一束红色的柔光照在艾比的左侧，青色的光线照在右侧。通过降低红色光线，这两束光线看起来像是一束光线（**图10.10**）。这样一来，我们就可以随意添加或者减少填充光线。

图10.9　当运用彩色灯来拍摄黑白照片时，我会使用青色和红色来覆盖色谱中冷色和暖色的部分

图 10.10 可以轻松地通过加强或减弱填充光来改变照片中的阴影

如果通过之前的章节你还没有完全了解我，现在你应该发现了我总是会通过做实验来发现可行的方法。比如**图9.26**中，我用了红色投影加上青色闪光灯。现在把这张照片变成黑白色调，我在模特的眼部打上了红色的投影灯形成了碎玻璃的图案（**图10.11**）。我加上了青色的闪光灯来突出红色投影。当我削弱红光时，红色的图案会变成黑色（**图10.12**）。我将这种方法称为"消除亮度法"。在实验中尝试这些新方法是非常有趣的体验。

图10.11 我在模特身上投影了红色图案然后用青色闪光灯凸显红色图案

图10.12 我把这种方法称为消除，因为亮度被消除了

作品赏析

图书在版编目（CIP）数据

光色游戏 ： 数码摄影彩色光布光技法解密 ／（美）
尼克·范彻（Nick Fancher）著 ；傅凯茗 译． -- 北京：
人民邮电出版社，2019.12
ISBN 978-7-115-52025-8

Ⅰ．①光… Ⅱ．①尼… ②傅… Ⅲ．①数字照相机－
摄影技术 Ⅳ．①TB86②J41

中国版本图书馆CIP数据核字(2019)第198666号

版权声明

© Posts and Telecom Press Co.,Ltd 2019. Authorized translation of the English 1st edition © 2018 Nick Fancher. All images
© Nick Fancher unless otherwise noted. Published by Rocky Nook, Inc. This translation is published and sold by permission of
Rocky Nook, Inc., the owner of all rights to publish and sell the same.

本书中文简体字版授权人民邮电出版社有限公司出版。未经出版者书面许可，对本书任何部分不得以任何方式复制或
抄袭。

版权所有，侵权必究。

内 容 提 要

知名摄影师、创意打光艺术家尼克·范彻结合多年实践与教学经验，将完整独家的色彩摄影体系整理成书，分享
如何用极其简单的道具和灯光创作出惊艳的照片。书中案例丰富，步骤详细，以新颖和富有表现力的图像贯穿始终，
带给你绝对不一样的摄影领悟。

书中首先细致讨论了色彩原理，详细讲解了色片与白平衡的特殊用法，并用逐层布光的方式梳理拍摄要点，帮你
确定与拍摄对象（无论是人还是物）相辅相成的色彩。除此之外还介绍了多种多样的打光方法以及修饰光线的设备，
更细致演示了如何利用连续光，如何进行快门拖动，如何制造阴影并用色彩填充等创意用法，让你掌握闪光灯和灯光
修饰器的使用技巧，以及后期处理的思路与技法。

如果你是一名摄影爱好者，通过阅读本书你可以提升摄影技术，掌握新颖的拍摄方式。如果你是一名摄影专业的
学生，本书所展示的实际操作和摄影理念会让你受用终生。如果你是一名人像、商业摄影师，这本书将带给你无限灵
感，极大地丰富你的作品集。

◆ 著　　　　［美］尼克·范彻（Nick Fancher）

　　译　　　　傅凯茗

　　责任编辑　张　贞

　　责任印制　周昇亮

◆ 人民邮电出版社出版发行　　北京市丰台区成寿寺路 11 号

　　邮编　100164　　电子邮件　315@ptpress.com.cn

　　网址　http://www.ptpress.com.cn

　　北京东方宝隆印刷有限公司印刷

◆ 开本：690×970　1/16

　　印张：14.5　　　　　　　　　2019 年 12 月第 1 版

　　字数：372 千字　　　　　　　2019 年 12 月北京第 1 次印刷

著作权合同登记号　图字：01-2017-9196 号

定价：89.00 元

读者服务热线：(010)81055296　印装质量热线：(010)81055316
反盗版热线：(010)81055315
广告经营许可证：京东工商广登字 20170147 号